Informazioni legali

© 2023
Autore ed editore: M.Eng. Johannes Wild
A94689H39927F
E-mail: 3dtech@gmx.de

L'impronta completa del libro si trova nelle ultime pagine!

Questo lavoro è protetto da copyright

Attenzione: la corrente elettrica può essere pericolosa per la vita!

Prefazione

Grazie mille per aver scelto questo libro!

<u>Attenzione</u>: questo libro è il seguito del libro "Progetti Arduino con Tinkercad" e del libro per principianti "Arduino | passo dopo passo". Questo libro è rivolto agli utenti avanzati di Arduino e pertanto richiede alcune conoscenze di base. È consigliabile leggere i due libri sopra citati prima di iniziare questo libro.

In questo libro creeremo insieme e passo dopo passo alcuni progetti complessi e grandiosi con il microcontrollore Arduino Uno. Come nel libro precedente, utilizzeremo il software online Tinkercad di Autodesk, facile da usare e <u>gratuito</u>, per simulare e programmare i progetti. In Tinkercad, creeremo lo schema del circuito per ogni progetto - insieme e passo dopo passo - creeremo la programmazione utilizzando il metodo di programmazione a blocchi e simuleremo il funzionamento. In ognuno dei progetti utilizzeremo dei sensori, ad esempio un sensore di forza, un sensore di inclinazione, un sensore di umidità del suolo o un sensore di luce ambientale e altri componenti. Integreremo anche degli attuatori (servomotori, piezoelettrici...) che eseguiranno un'azione specifica programmata.

Sono un ingegnere (M.Eng.) e vorrei introdurti ai temi dell'elettronica, di Arduino e della programmazione a blocchi con Tinkercad in un modo orientato all'applicazione, ludico e con spiegazioni semplici, utilizzando progetti fai da te. A questo scopo, nei primi due capitoli di questo libro troverai un <u>brevissimo</u> ripasso su Arduino e sul programma Tinkercad (circa 5 pagine). Se hai bisogno di un'introduzione più dettagliata, dovresti dare un'occhiata ai libri precedenti di questa serie. Seguono cinque progetti più complessi che realizzeremo insieme e passo dopo passo (componenti, schema elettrico, cablaggio, programmazione). Iniziamo!

Indice dei contenuti

1 Ambito di apprendimento

Cosa ti aspetta in questo libro e cosa imparerai

In questa guida troverai cinque progetti entusiasmanti e fantastici che realizzeremo insieme, passo dopo passo. Questi progetti sono un po' più complessi, poiché questo libro è destinato a studenti avanzati. Per i progetti elettronici utilizziamo il microcontrollore Arduino e il software Tinkercad di Autodesk. Nei primi due capitoli troverai un brevissimo ripasso su Arduino e sul programma Tinkercad (circa 5 pagine). Se hai bisogno di un'introduzione più dettagliata, dovresti dare un'occhiata ai libri precedenti di questa serie, i cui titoli sono citati nella prefazione.

In questo libro ti verrà anche chiesto, in alcuni punti, di realizzare singoli passaggi o addirittura un intero progetto per conto tuo. La soluzione seguirà nelle pagine successive. Prova a mettere in pratica questi suggerimenti, così imparerai meglio!

Questo libro contiene i seguenti progetti:

- Progetto fai da te 1: Fari pieghevoli per auto con anabbaglianti automatici
- Progetto fai da te 2: Sistema di allarme complesso con vari sensori
- Progetto fai da te 3: monitoraggio e cura delle piante
- Progetto fai da te 4: aiuto al parcheggio e monitoraggio dell'aria del garage
- Progetto fai da te 5: Mini pianoforte

2 Che cos'è Arduino? | Aggiorna le vecchie conoscenze

In poche parole, Arduino non è altro che un piccolo e semplicissimo mini-PC o microcontrollore in grado di ricevere segnali in ingresso, elaborarli internamente e poi convertirli in segnali di uscita corrispondenti. Un segnale di ingresso può essere, ad esempio, la luce del sole che cade su un sensore. Il segnale di uscita corrispondente potrebbe, ad esempio, controllare un motore (cieco). Esistono diversi modelli di Arduino. Per i nostri progetti in questo libro, abbiamo bisogno solo di Arduino UNO (https://www.arduino.cc/en/main/products).

Come funziona Arduino? Il principio di base di ogni PC è il sistema binario basato sui due numeri "0" (OFF) e "1" (ON). La comunicazione avviene in un PC con combinazioni di questi due numeri. Questo principio viene utilizzato anche in Arduino. I due numeri binari sono qui rappresentati dalle tensioni 5V (valore "1" o "HIGH") e 0V (valore "0" o "LOW"). A ogni pin di una scheda Arduino viene assegnato un numero o una denominazione. Ci sono vari pin digitali e analogici che possono ricevere e inviare segnali. A questi pin puoi collegare sensori o altri componenti, come ad esempio un motore. La scheda funziona con una corrente continua di 5 V. Arduino ha anche un processore che può essere programmato per eseguire i comandi desiderati.

3 Che cos'è Tinkercad? | Aggiorna le vecchie conoscenze

Tinkercad è una piattaforma online dell'azienda Autodesk dove puoi realizzare progetti di natura tecnica. Il termine "Tinker" è inglese e significa qualcosa come armeggiare o giocherellare. "CAD" sta per "Computer-Aided Design". Con Tinkercad puoi lavorare su progetti di elettronica, programmare e creare oggetti 3D. La creazione di oggetti 3D non fa parte di questo libro.

Poiché Tinkercad è un software online, non puoi e <u>non</u> devi scaricare il software, ma puoi semplicemente lavorare nel tuo browser preferito. Inoltre, Tinkercad può essere utilizzato gratuitamente. In base al suo aspetto, il gruppo target di Tinkercad è costituito principalmente da bambini e ragazzi. A mio parere, però, il programma è molto adatto anche agli adulti, soprattutto se sei un principiante. È proprio questa semplicità che offre molti vantaggi e un rapido successo nella creazione di oggetti 3D o circuiti elettronici.

Tutti i progetti sono archiviati nel cloud, quindi puoi accedervi da qualsiasi luogo con un computer, un cellulare o un tablet tramite internet.

Crea un account e inizia a lavorare

Prima di iniziare a creare i nostri progetti, dobbiamo creare un account sul sito web www.tinkercad.com. Se disponiamo già di un account Autodesk, possiamo utilizzare anche questo per accedere. Altrimenti, possiamo registrarci con un account Google o Apple oppure, in modo del tutto classico, con un indirizzo e-mail.

Non appena avrai effettuato il login, potrai visualizzare e copiare il progetto online in Tinkercad utilizzando il rispettivo link del progetto (troverai il link all'inizio del capitolo "Componenti necessari"). Tuttavia, è meglio farlo solo dopo aver creato tu stesso i progetti o solo se sei bloccato in un determinato punto. Altrimenti non otterrai un buon effetto di apprendimento.

Per progettare circuiti elettronici in Tinkercad, dobbiamo trovarci nell'area "Design" **(2)** della pagina iniziale **(1)**.

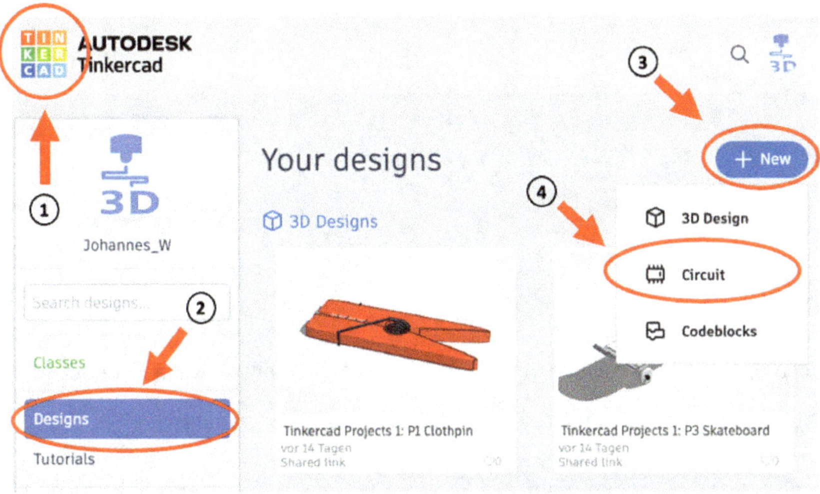

Qui possiamo creare un nuovo circuito con "+ New" **(3)** e "Circuit" **(4)**.

Non appena abbiamo creato un nuovo progetto "Circuit", si apre l'area di lavoro per la creazione di circuiti elettrotecnici.

L'area grigia è il nostro livello di lavoro, dove progettiamo i nostri circuiti. Con l'aiuto della rotellina del mouse, puoi utilizzare la funzione di zoom. Puoi anche spostare i componenti tenendo premuto il tasto sinistro del mouse, il tasto destro del mouse o la rotellina del mouse.

Sul lato destro sono presenti tutti i componenti elettronici disponibili, ad esempio un LED, un resistore, un interruttore, un condensatore o una batteria. C'è anche una funzione di ricerca e l'opzione di visualizzare altri componenti (passa da "Basic" a "All" nel menu a tendina).

Inoltre, puoi passare a un'altra disposizione, la visualizzazione a elenco, con il piccolo simbolo dell'elenco in alto a destra. Provaci e basta. Nella vista dell'elenco, puoi anche ottenere una breve descrizione di ogni componente.

In alto a destra, puoi visualizzare lo schema del circuito o l'elenco delle parti del progetto. Con "Code" puoi passare alla vista di programmazione e con "Start Simulation" puoi testare virtualmente il funzionamento del progetto.

Fantastico! Ora abbiamo rinfrescato brevemente le nostre conoscenze di base su Arduino e Tinkercad e possiamo iniziare ad acquisirne di nuove. Lo faremo di seguito in modo giocoso, utilizzando progetti illustrativi di bricolage. Come nella prima parte di questa serie di libri, lavoreremo ancora una volta principalmente con la programmazione a blocchi in Tinkercad, in quanto offre un approccio semplice e grandioso. Occasionalmente, però, daremo un'occhiata anche al codice basato sul testo. Andiamo!

4 Progetto 1 | Fari pieghevoli con anabbaglianti automatici

Per questo progetto, immaginiamo gli anabbaglianti di un'automobile. In un'auto moderna, gli anabbaglianti si accendono e si spengono a seconda della luce ambientale. Ad esempio, gli anabbaglianti si accendono quando fuori fa buio e si spengono quando fuori c'è luce. A seconda del progetto, questo avviene anche quando si entra o si esce da un tunnel. Nel nostro primo progetto vogliamo simulare questa funzione con un Arduino. A questo scopo, utilizziamo un sensore di luce ambientale. Un sensore di luce ambientale monitora la luce che cade sul sensore e ci fornisce un feedback per capire se l'ambiente è attualmente chiaro o scuro. Tra l'altro, un sensore di questo tipo è integrato anche nella maggior parte degli smartphone moderni, in modo che la luminosità dello schermo possa adattarsi automaticamente alla luce ambientale.

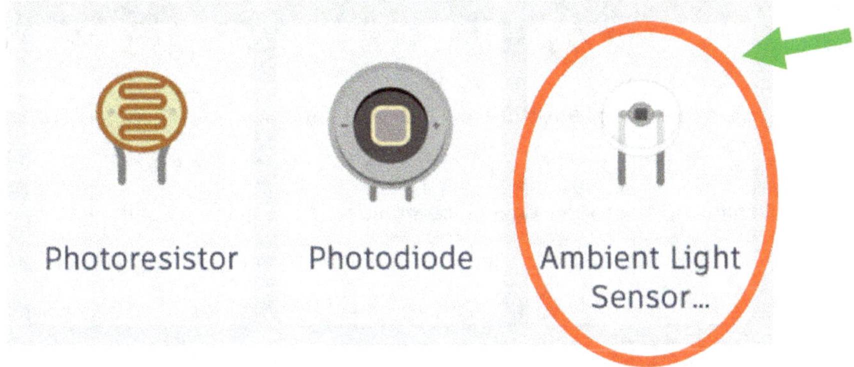

Ma ora non vogliamo solo che i due anabbaglianti, simboleggiati nel nostro progetto da due LED bianchi, si accendano o si spengano quando fa buio o luce, ma vogliamo anche controllare la luminosità dei LED in base alla luce ambientale. Ciò significa che i LED devono essere più luminosi quando fuori è più buio e molto meno luminosi quando fuori c'è molta luce. Nel mezzo, la luminosità dovrebbe variare continuamente.

La luminosità attuale dei LED verrà inoltre visualizzata sul cruscotto dell'auto tramite uno schermo LCD. Quando i LED sono al massimo della luminosità, cioè quando fuori è più buio, il display dovrebbe essere riempito come segue: ##########, invece, quando i LED sono poco illuminati, solo alcuni: ## dovrebbe apparire.

Per rendere il progetto un po' più complesso, non vogliamo installare sulla nostra auto dei semplici fari anabbaglianti, ma dei fari pieghevoli. Questo tipo di fari si trova talvolta sulle auto sportive più vecchie. Questi fari si aprono premendo un interruttore.

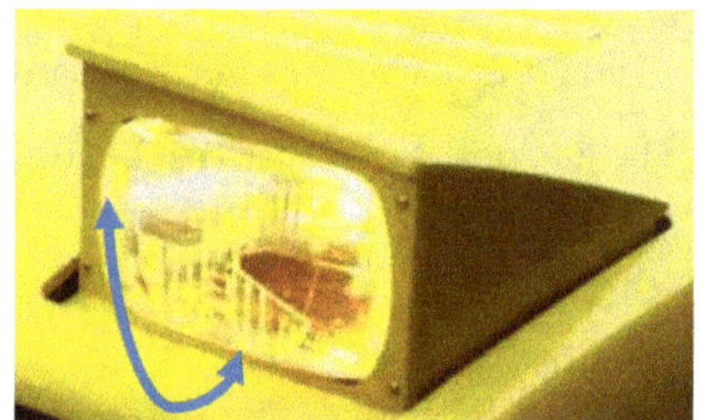 

Tuttavia, un semplice interruttore per aprire i fari pieghevoli sarebbe troppo semplice per noi. Preferiremmo che anche questo processo fosse automatico. Per farlo, utilizziamo lo stesso sensore di luce ambientale che già fornisce il segnale per il controllo degli anabbaglianti. Inoltre, implementiamo due servomotori che devono essere controllati in base alla luce ambientale ed eseguono il meccanismo del flap. I servomotori devono aprire i flap con un movimento di 90° non appena la luce ambientale diventa più scura e chiuderli di nuovo non appena la luce è sufficiente. Lo sportello deve quindi aprirsi non appena cala il crepuscolo e richiudersi non appena fuori c'è luce.

All'inizio sembra un po' più complesso, soprattutto perché diversi processi devono essere eseguiti contemporaneamente. Ma non preoccuparti, troveremo una soluzione insieme, passo dopo passo e nel dettaglio. Diamo prima un'occhiata ai componenti di cui abbiamo bisogno per questo progetto, come dobbiamo cablarli e poi passiamo alla programmazione.

4.1 Componenti necessari

Link al progetto Tinkercad: https://bit.ly/3Rgdnel

Numero	Designazione
1	Arduino Uno
1	Breadboard (piccola)
1	Sensore di luce ambientale (ambient light sensor)
2	LED (bianco)
2	Resistenze da 100 Ω per i LED
1	Resistenza da 80 kΩ per il sensore di luce ambientale
2	Servomotore
1	Display LCD 16×2 **(basato su I2C e MCP23008)**

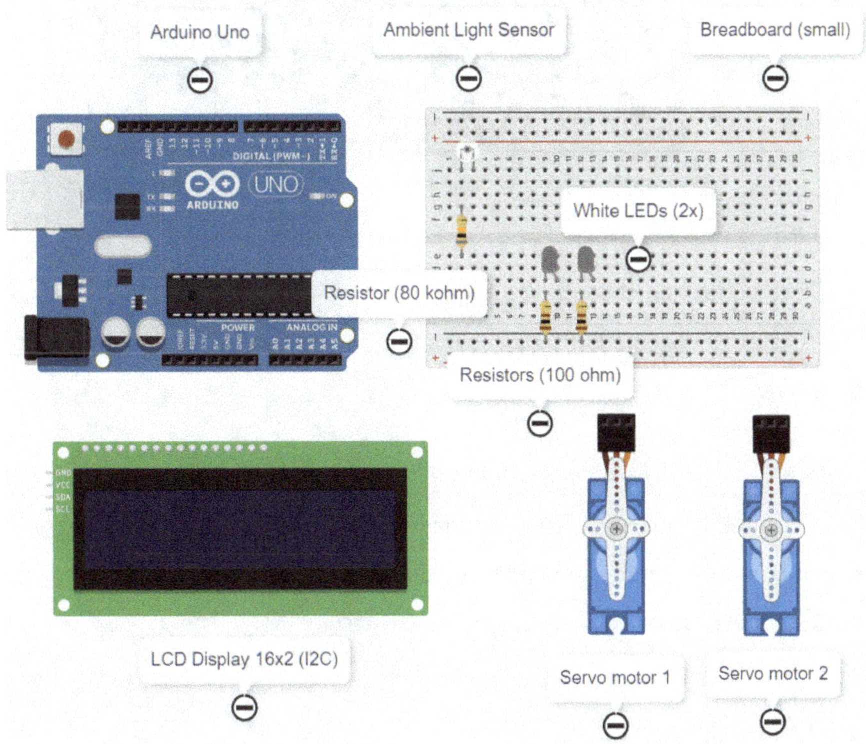

Note sul display LCD 16×2 (I2C):

In questo progetto utilizziamo un display LCD a 16 righe e 2 linee (16×2) di tipo I2C. I2C significa "Inter-Integrated Circuit" e indica un metodo di comunicazione. Rispetto al normale display LCD 16×2, anch'esso disponibile senza l'aggiunta di I2C, è più facile da cablare perché ha solo quattro connessioni invece di sedici. Due delle quattro connessioni del display I2C sono destinate all'alimentazione (GND "-" e VCC "+"), quindi sono necessarie solo due connessioni per la comunicazione dei dati (SDA e SCL). Il connettore SCL riceve il segnale di clock e il connettore SDA trasmette i bit di dati. Il tipo deve essere un display basato su MCP23008 (clicca su Display).

A questo punto non ci sono ulteriori dettagli sugli altri componenti: si tratta di resistenze, LED e servomotori. Ne abbiamo già parlato a sufficienza nel primo libro della serie.

4.2 La progettazione dello schema circuitale

In questo capitolo disegneremo lo schema del circuito del nostro sistema o lo esamineremo da vicino. Diamo prima un'occhiata alla vista schematica del circuito richiesto. Nella fase successiva, costruiremo il circuito 1:1.

Schema del circuito:

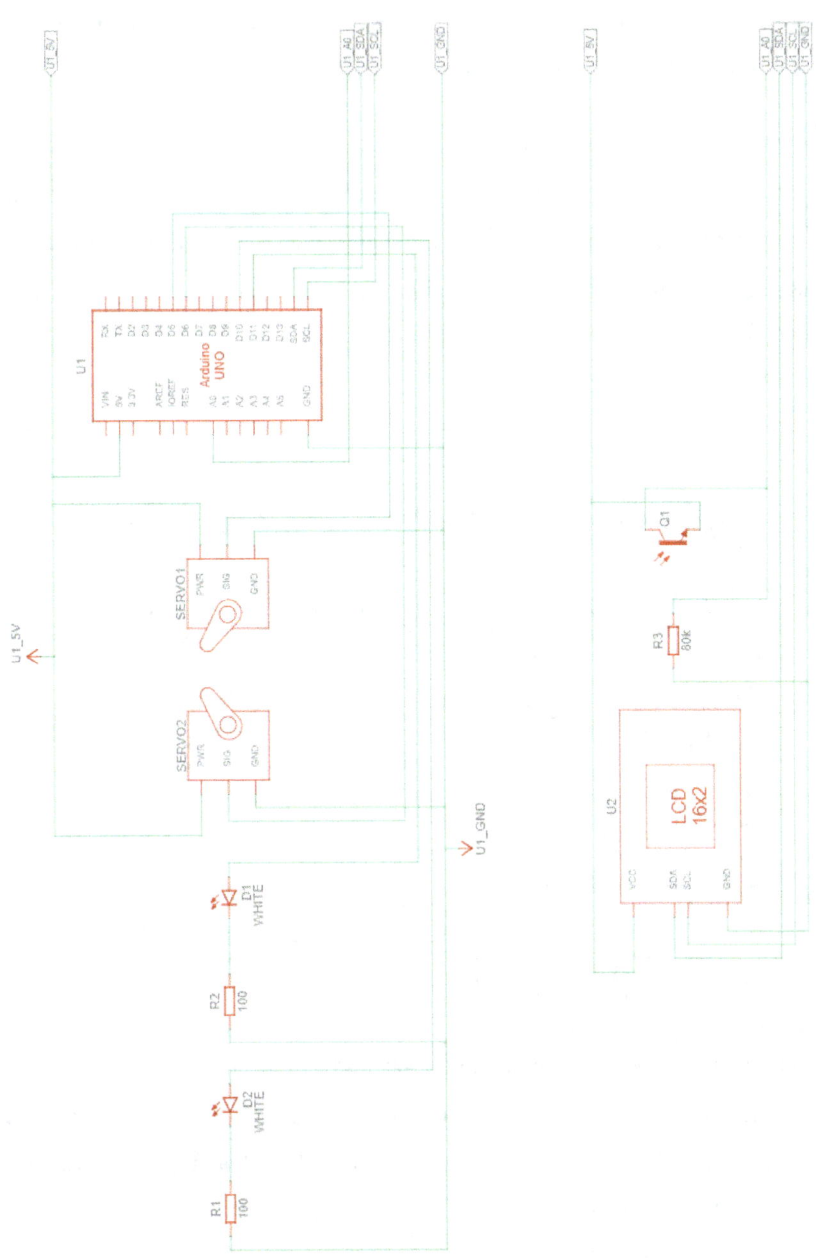

Per costruire il circuito in Tinkercad, iniziamo con la breadboard come punto di partenza al centro del circuito. Per farlo, passiamo da "Basic" a "All" nella barra del menu di destra alla voce "Components" per avere a disposizione tutti i componenti. In alternativa, possiamo anche utilizzare la funzione di ricerca.

Per prima cosa abbiamo bisogno di un sensore di luce ambientale, da posizionare in alto a sinistra sulla breadboard. Per questo sensore abbiamo bisogno anche di una resistenza da 80 kΩ. Inoltre, aggiungiamo due LED bianchi (seleziona il LED rosso nei componenti e poi cambia il colore in bianco), ciascuno con una resistenza da 100 Ω.

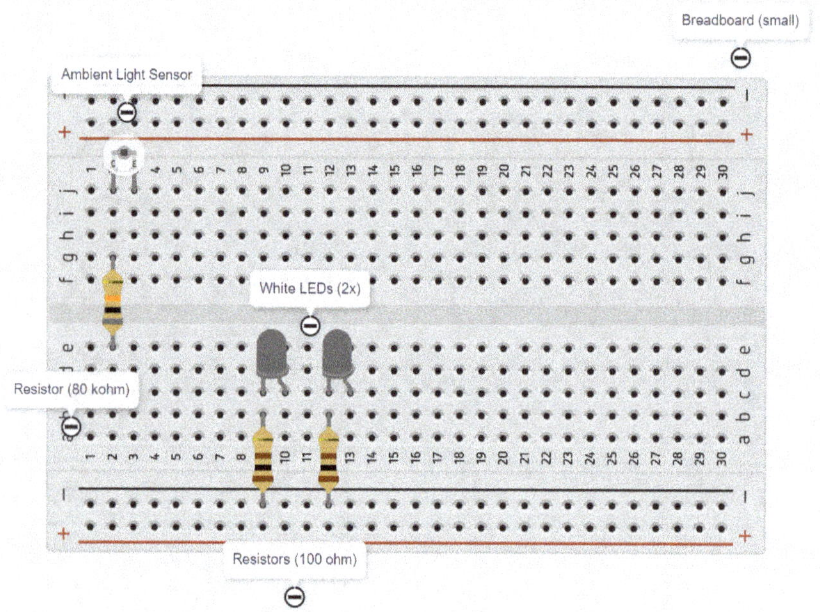

Nella fase successiva, posizioniamo un Arduino Uno a sinistra della breadboard e colleghiamo i componenti che abbiamo posizionato finora. A tal fine, creiamo un collegamento blu dal sensore di luce ambientale all'ingresso analogico A0 di Arduino. Questa connessione ci fornisce il segnale. Il nostro sensore di luce ambientale è un semplice fototransistor (combinazione di fotodiodo e transistor; per correnti più elevate rispetto al fotodiodo), che ha una connessione di emettitore (E) e una di collettore (C). Colleghiamo il polo positivo (5V) della nostra fonte di alimentazione (scheda Arduino) all'emettitore (E) e il polo negativo (GND) tramite la resistenza al collettore del sensore. I LED sono già collegati al polo negativo della scheda per il corretto posizionamento delle resistenze al loro catodo (-). Colleghiamo i due anodi dei LED (+) rispettivamente ai pin 10 e 11 di Arduino. Infine, alimentiamo la breadboard posizionando un filo nero tra "GND" e "-" e un filo rosso tra 5V e "+".

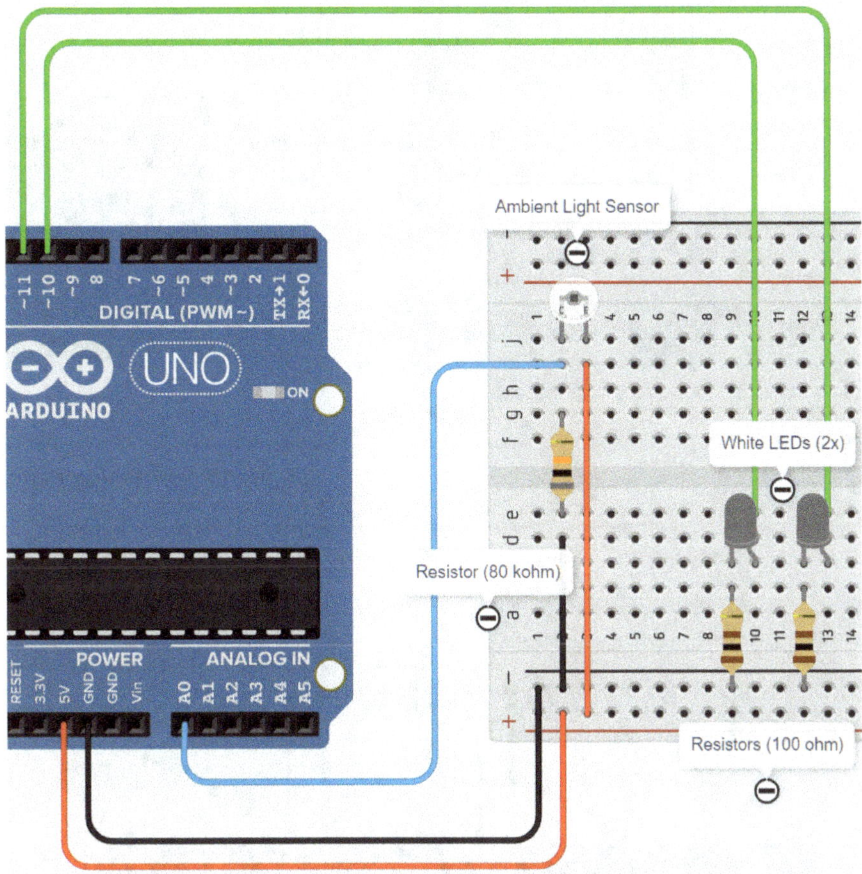

Ora mancano i collegamenti tra Arduino e il display e i collegamenti per i servomotori. I servomotori hanno tre connessioni. Due di questi sono per l'alimentazione (VCC: "+" e GND: "-") e uno per il segnale di controllo. Colleghiamo i servomotori all'alimentazione della breadboard e connettiamo una linea di segnale di colore viola ai pin 5 e 6 di Arduino. Colleghiamo le due linee di segnale (SDA e SCL) ad Arduino in alto a sinistra (accanto ai PIN digitali e a GND e AREF). Questi due pin dell'Ardunio sono destinati a SDA e SCL, ma purtroppo non sono etichettati qui (c'è un'etichetta nello schema elettrico).

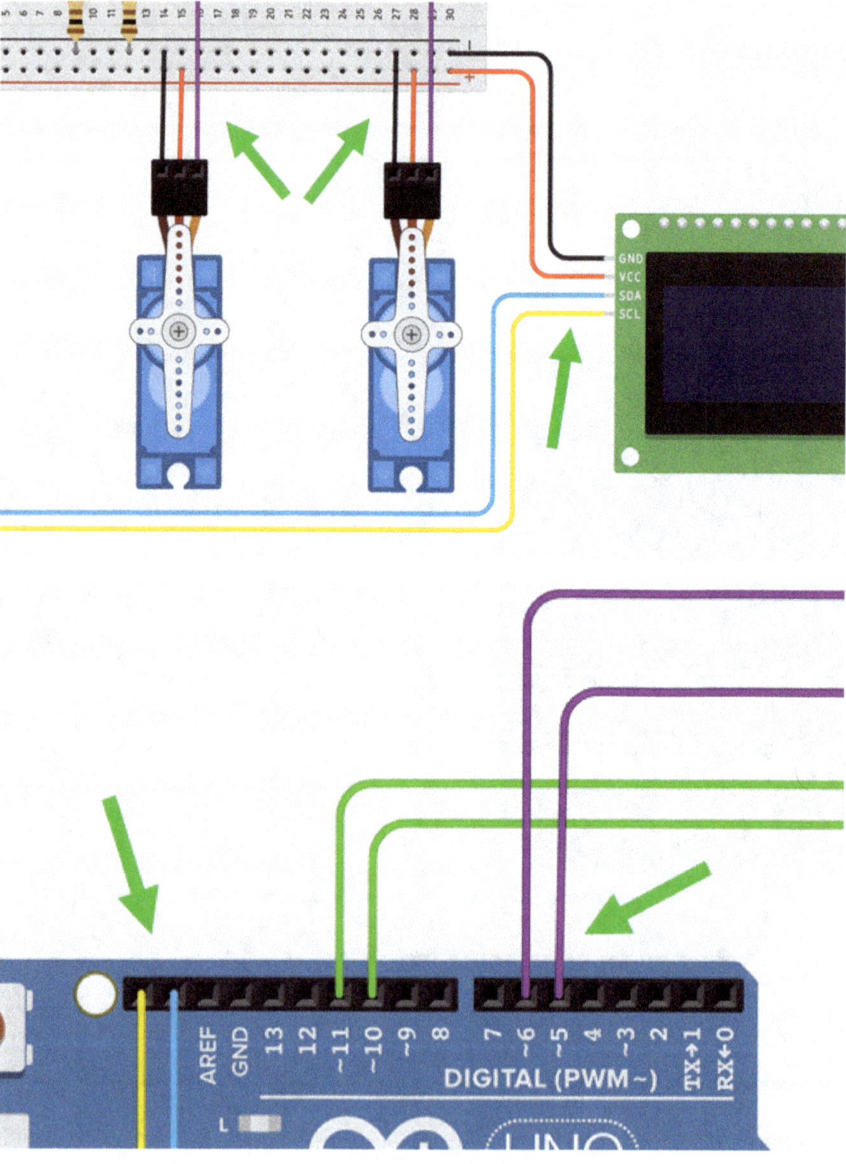

Schema elettrico completo:

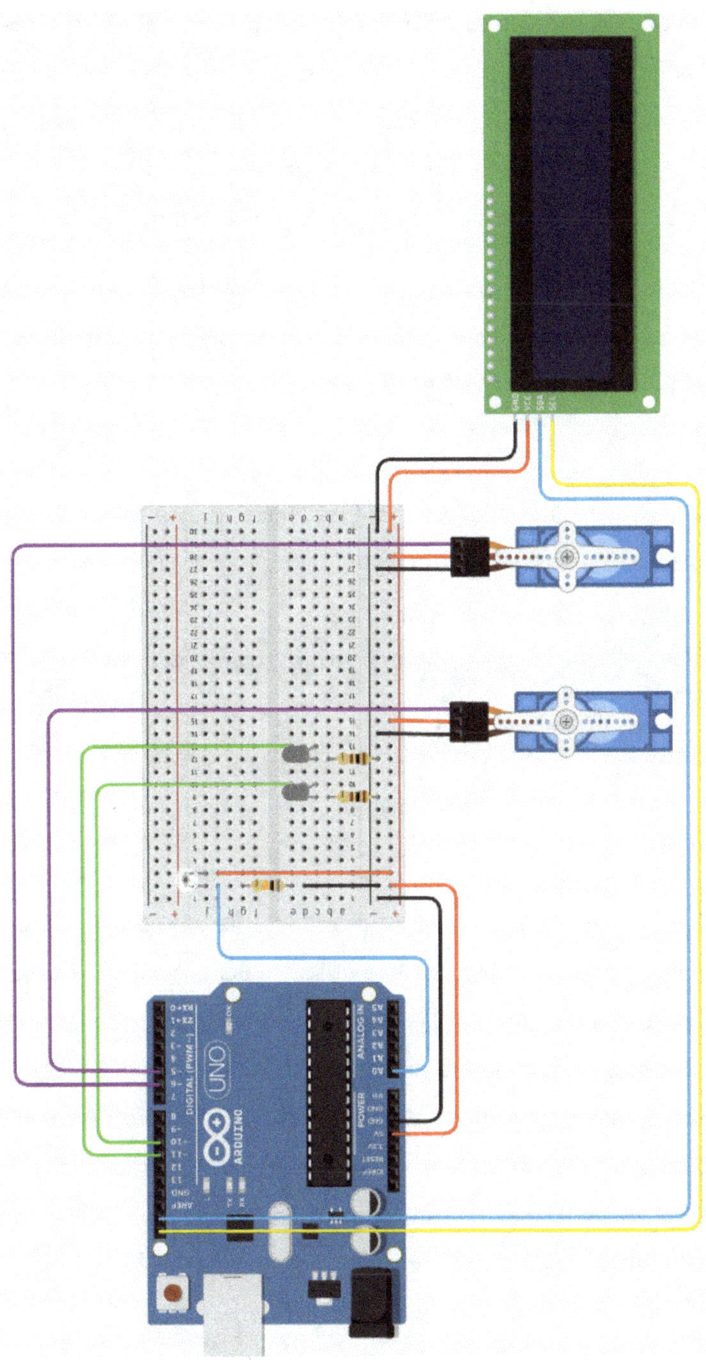

4.3 Sviluppo del codice del programma

Dopo aver cablato con successo il nostro primo progetto, il passo successivo è quello di effettuare la programmazione necessaria. Come già detto, utilizziamo la programmazione a blocchi di Tinkercad. Per iniziare la programmazione, passiamo alla finestra di programmazione in alto a destra con il pulsante "Code". Inoltre, selezioniamo "Blocks" dal menu a tendina ed eliminiamo tutti i blocchi esistenti.

Come abbiamo già imparato nel primo libro della serie, la programmazione a blocchi può essere fondamentalmente sempre composta da tre blocchi: "title block comment" (opzionale), "on start" e "forever".

Passo 1:

Nel primo passo creiamo il blocco titolo opzionale (che si trova nella categoria "Notation") e scriviamo il testo "automatic headlights" al suo interno.

Passo 2:

Nel secondo passo, aggiungiamo un blocco chiamato "on start", che si trova nella sezione "Control" di Tinkercad. Questo blocco è simile alla sezione "Setup" di un semplice codice Arduino. Il blocco viene utilizzato per eseguire una determinata riga di codice solo una volta all'avvio del programma. Quale codice dobbiamo eseguire una sola volta in questo progetto? L'inizializzazione del display LCD. Lo facciamo con il comando "configue LCD" della categoria "Output". Poiché abbiamo un solo display LCD, questo ha il numero 1 e l'indirizzo 32. Il tipo di display è: I2C MCP23008. Possiamo trovare queste informazioni cliccando sul display. Possiamo anche modificarli a nostro piacimento. <u>Non</u> mostrerò sempre i blocchi precedenti nel seguito per una visione migliore, puoi sempre posizionare i blocchi sotto il blocco precedente.

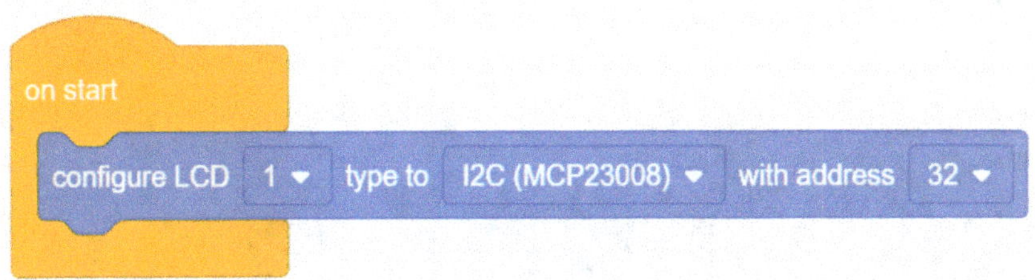

Passo 3:

Quindi creiamo le tre variabili nella categoria "Variables": "light_val", "control" e "level".

Da qui in poi, se vuoi, puoi anche passare alla visualizzazione "Blocks + Text" nel menu di selezione, in modo da vedere non solo il codice del blocco ma anche il codice del testo. Da un lato, questo può creare confusione - nel qual caso è meglio tornare indietro - ma dall'altro ti fornisce maggiori informazioni.

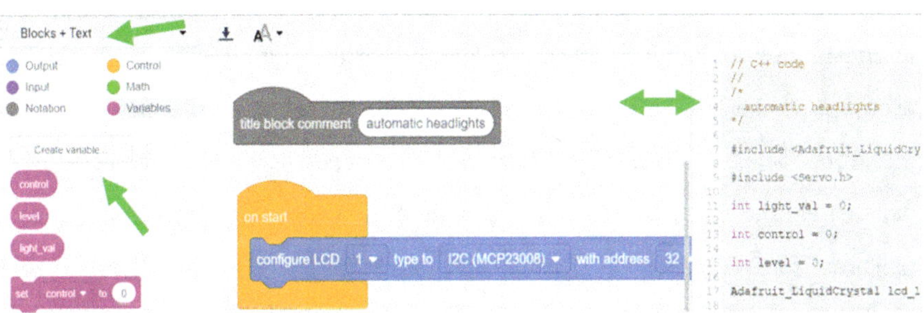

Passo 4:

Ora abbiamo bisogno di un blocco "forever" che contenga il codice da eseguire in un ciclo (analogo a void loop () nel codice testuale).

Poiché abbiamo bisogno di un segnale che ci permetta di controllare qualcosa, il primo passo è leggere il valore del sensore di luce ambientale. Lo facciamo con "read analog pin A0" (pin di connessione del sensore). Nello stesso passaggio, vogliamo assegnare il valore alla variabile "light_val" con "set ... to ...". Poi dobbiamo convertire il valore analogico che il sensore ci fornisce (da 0 a 1023) in un valore digitale (da 0 a 255). Lo facciamo con la funzione "map... to range..." della categoria "Math". A questo scopo utilizziamo la nuova variabile "control".

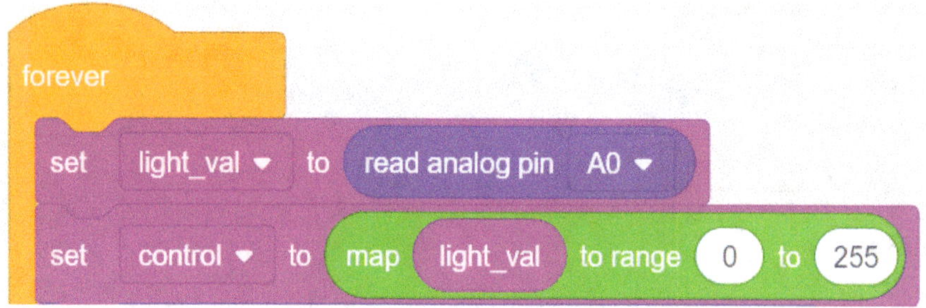

Se vuoi saperne di più sulla funzione "map ()" o su altre funzioni, puoi leggere la descrizione dettagliata di ogni funzione online, direttamente su arduino.cc. Ecco il link alla funzione "map ()":

https://www.arduino.cc/reference/en/language/functions/math/map/

Passo 5:

In questa fase implementiamo un'opzione di controllo per noi programmatori. Ad esempio, vogliamo che il valore che il sensore sta misurando venga inviato al monitor seriale. A questo scopo utilizziamo il comando "print to serial monitor ..." dalla categoria "Output". Tra l'altro, attualmente e in seguito ci troviamo ancora nell'area "forever".

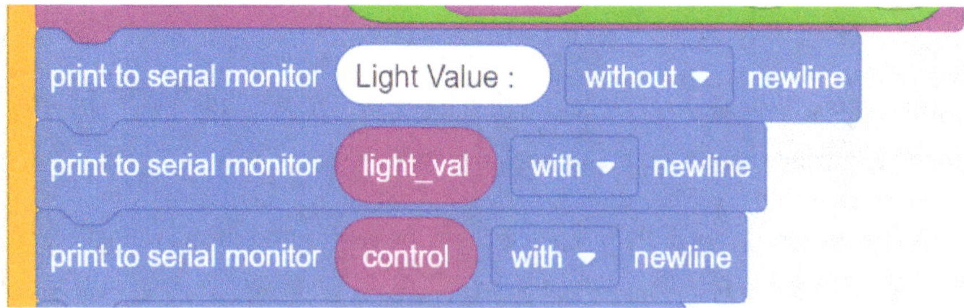

Il valore del sensore di luce viene quindi visualizzato nel monitor seriale come segue (Valore luce -> valore analogico misurato-> valore digitale):

Serial Monitor

```
Light Value :   4/1
117
Light Value :   471
117
Light Value :   1009
251
```

Passo 6:

Poi implementiamo il calcolo per i valori dei nostri LED. Ricordiamo brevemente come funziona. Vogliamo che i LED siano più luminosi quando fuori è più buio. Come possiamo attuarlo? Con un'equazione matematica molto semplice. Possiamo controllare i LED con i pin di uscita digitale 10 o 11 con un valore compreso tra 0 e 255 (0 = nessun flusso di corrente, 255 = flusso massimo di corrente). Ora dobbiamo semplicemente sottrarre il valore che il nostro sensore fornisce (dopo la conversione in campo digitale). Ciò significa che i LED sono controllati con 255 - valore del sensore (variabile: "control" per il valore digitale). Quando è buio, il sensore fornisce il valore 0, cioè 255 - 0 = 255 (i LED brillano alla massima luminosità). Quando fuori c'è luce, il sensore fornisce il valore analogico 1023, che abbiamo convertito in 255 con "map". Ciò significa: 255 - 255 = 0 (i LED non sono accesi). Nell'intervallo intermedio, invece, avviene un controllo continuo. Questo è esattamente ciò che volevamo! Nei codici a blocchi si presenta così:

Passo 7:

Abbiamo già implementato gli anabbaglianti automatici. Ora ci occupiamo dei due servomotori che devono controllare il meccanismo di piegatura dei fari. Per questo abbiamo bisogno di una condizione "if ... else". Vogliamo che i fari pieghevoli si aprano a una certa luminosità. A tal fine utilizziamo la variabile "control", che ci fornisce il valore di luminosità (0-255). Ora possiamo definire un valore a partire dal quale le luci pieghevoli devono aprirsi, ad esempio il valore "100". Ma puoi anche scegliere un valore diverso se questo è troppo scuro o troppo luminoso per te. Il blocco di codice seguente deve ora dire quanto segue: se il valore della luminosità supera il valore 100, allora entrambi i servomotori devono ruotare nella posizione di 90° (puoi anche usare qualsiasi altro valore, ad esempio 180°). In caso contrario (cioè se il valore rimane inferiore a 100), i servomotori devono ruotare in posizione 0°. Prova a implementare questa condizione "if ... else" prima di dare un'occhiata all'immagine (la soluzione).

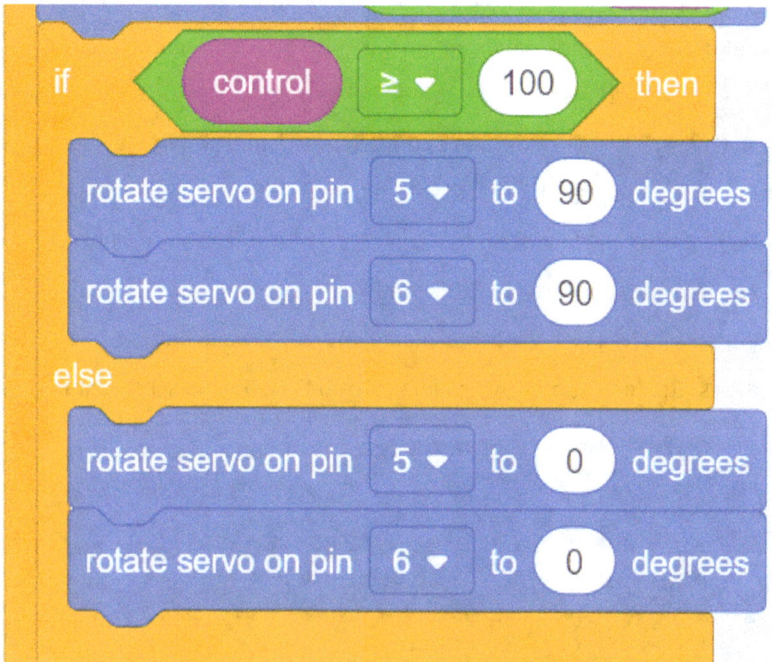

Passo 8:

Eccellente! Ora abbiamo quasi finito. Quello che ancora manca è l'indicazione dell'intensità luminosa dei LED sul display, che potremmo fissare sul cruscotto dell'auto, ad esempio. Per fare ciò, da un lato dobbiamo determinare la posizione del testo visualizzato sul display e dall'altro dobbiamo determinare il testo che deve essere visualizzato. Lo facciamo con "set position on LCD..." e "print to LCD...". Affinché l'intensità venga visualizzata sotto forma di uno o più simboli "#", dobbiamo prima classificare il valore del sensore di luce ambientale con l'aiuto della variabile "level" e della funzione "map" (simile al punto 4). Vogliamo visualizzare 16 simboli "#" quando i LED sono al massimo della luminosità, quindi dobbiamo convertire i valori dei sensori nell'intervallo da 16 a -1. Abbiamo bisogno del -1 in modo che non venga visualizzato alcun simbolo "#" quando i LED sono spenti o la luce ambientale è al massimo della luminosità. Con 0 al posto di -1, verrebbe comunque visualizzato il simbolo "#".

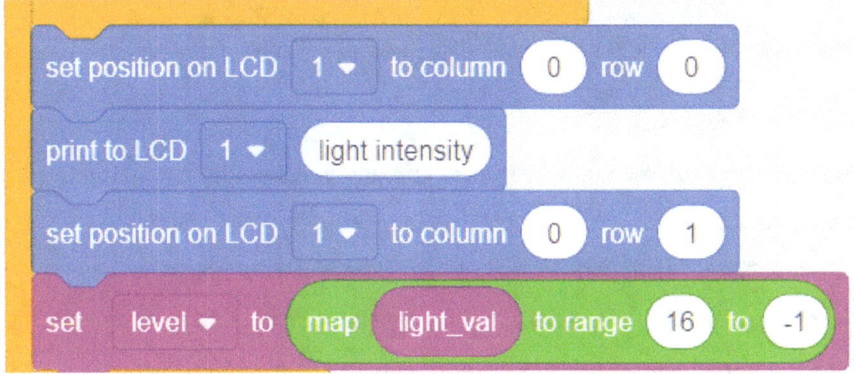

Passo 9:

In quest'ultimo passaggio, implementiamo due cicli "for" che ci permettono di mostrare l'intensità graduata sul display. Per farlo, utilizziamo due volte il blocco di codice "repeat" della sezione "Controllo". Questo è paragonabile a un ciclo "for" in un codice basato sul testo. Vogliamo visualizzare un simbolo "#" ("print to LCD ...") finché la variabile interna del conteggio è inferiore al valore della variabile "level". In parole povere, questo significa che prima viene visualizzato un simbolo #, poi ne viene aggiunto un altro, cioè: ## e poi ###, e così via, finché il numero di simboli (variabile interna di conteggio) non corrisponde al valore della variabile "level" (intensità della luce ambientale convertita). Per invertire questo processo quando la luminosità del LED è inferiore, sottraiamo un simbolo "#" in un altro ciclo "for" ("repeat...") finché il display non corrisponde al valore della variabile.

Perfetto! Ora abbiamo finito il codice del programma del primo progetto. Ora è il momento di provare il progetto in Tinkercad. Per farlo, avvia la simulazione con il pulsante "Start Simulation" e clicca sul sensore di luce ambientale. Appare un cursore con il quale puoi simulare l'intensità della luce ambientale. Muovi il cursore (lentamente) da sinistra a destra e dopo una pausa da destra a sinistra e vedi cosa succede. Il sistema reagisce con un certo ritardo, quindi devi aspettare qualche secondo prima che, ad esempio, i valori sul display vengano aggiornati. Di seguito troverai il codice del programma in una visione d'insieme:

```
title block comment ( automatic headlights )

on start
    configure LCD  1 ▾  type to  I2C (MCP23008) ▾  with address  32 ▾

forever
    set  light_val ▾  to  read analog pin  A0 ▾
    set  control ▾  to  map  light_val  to range  0  to  255
    print to serial monitor  "Light Value :"  without ▾  newline
    print to serial monitor  light_val  with ▾  newline
    print to serial monitor  control  with ▾  newline
    set pin  10 ▾  to  255  - ▾  control
    set pin  11 ▾  to  255  - ▾  control
    if  control  ≥ ▾  100  then
        rotate servo on pin  5 ▾  to  90  degrees
        rotate servo on pin  6 ▾  to  90  degrees
    else
        rotate servo on pin  5 ▾  to  0  degrees
        rotate servo on pin  6 ▾  to  0  degrees
    set position on LCD  1 ▾  to column  0  row  0
    print to LCD  1 ▾  "light intensity"
    set position on LCD  1 ▾  to column  0  row  1
    set  level ▾  to  map  light_val  to range  16  to  -1
    repeat  level  times
        print to LCD  1 ▾  "#"
    repeat  16  - ▾  level  times
        print to LCD  1 ▾  " "
```

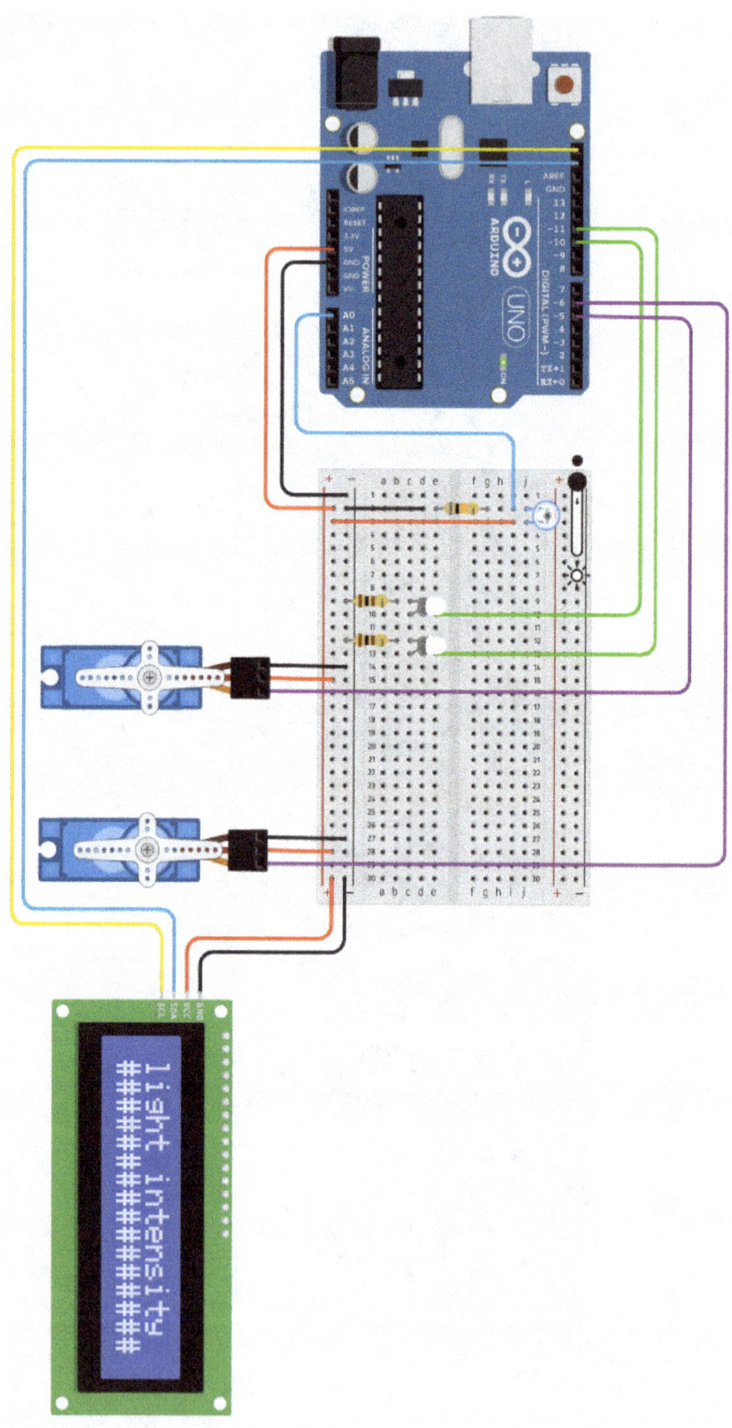

light intensity

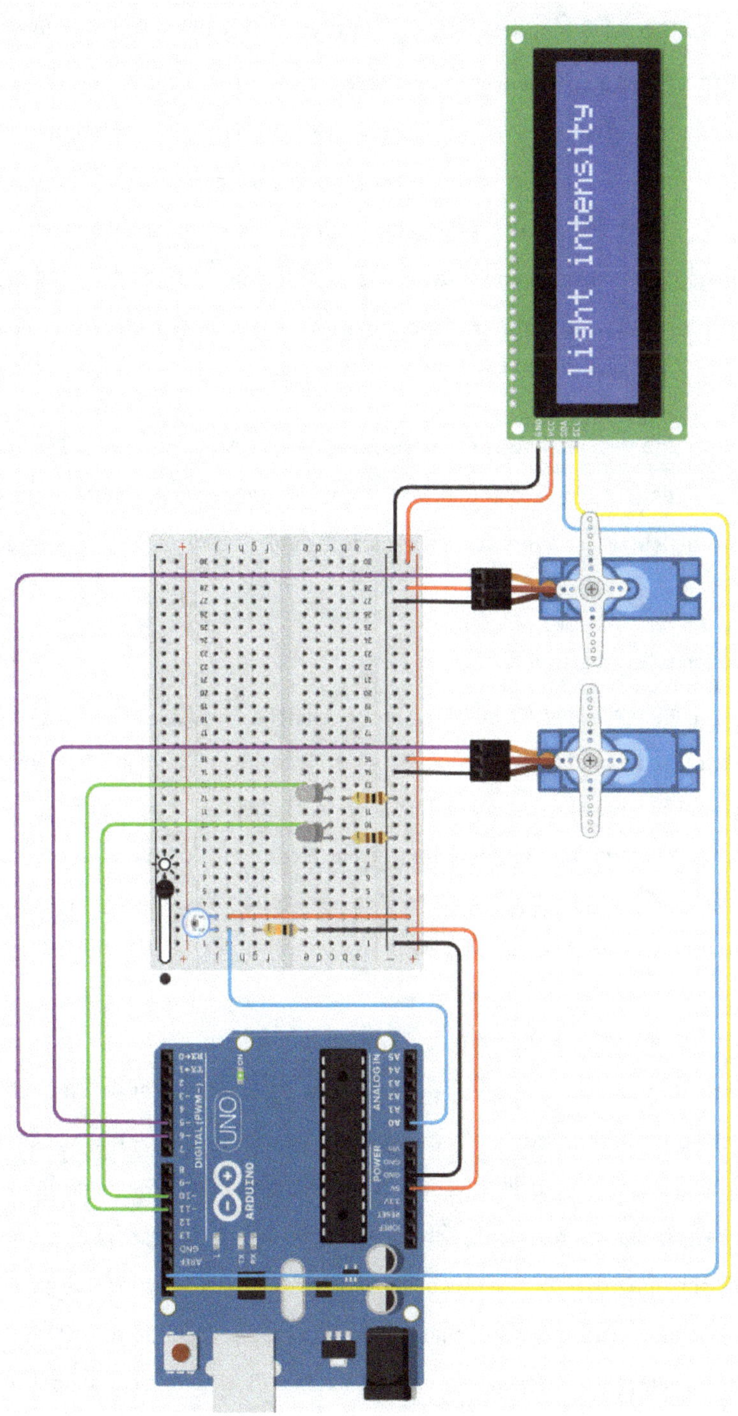

light intensity

5 Progetto 2 | Sistema di allarme con vari sensori

In questo progetto svilupperemo un sistema di allarme. Utilizzeremo due diversi tipi di sensori per rilevare i ladri. In primo luogo, vogliamo implementare due sensori di movimento, ognuno dei quali può rilevare il movimento in una stanza separata. In secondo luogo, utilizzeremo due sensori di forza che inviano un segnale non appena viene applicata una forza. Il sensore di forza potrebbe trovarsi, ad esempio, sotto uno zerbino vicino alla porta e, non appena il ladro calpesta lo zerbino, il sensore lo registra.

Se almeno uno di questi quattro sensori (2x sensori di movimento e 2x sensori di forza) o addirittura due o più di essi rilevano un segnale, scatta un allarme. L'allarme acustico sarà generato da un piezo e quello ottico da un lampeggiamento alternato di due LED rossi.

Aggiornamenti sul sensore PIR:

Un sensore PIR ("Pyroelectric Infrared Sensor" o anche "Passive Infrared Sensor") è un dispositivo a semiconduttore in grado di rilevare i movimenti. In realtà, il sensore rileva le variazioni di temperatura, che a loro volta si traducono in variazioni di tensione. Quando viene rilevato un essere vivente (calore corporeo) o un'altra fonte di calore all'interno dell'intervallo di rilevamento, il sensore fornisce un segnale digitale "HIGH" (5V). Vedremo tra poco come utilizzare le tre connessioni con lo schema del circuito.

Tuttavia, l'allarme deve scattare solo quando il sistema di allarme è attivato. L'attivazione o la disattivazione devono essere possibili inserendo un codice. Nel caso della programmazione a blocchi, inseriremo questo codice tramite il monitor seriale, poiché una "keypad" con codici a blocchi non è così facile da programmare. Alla fine del progetto, tuttavia, vedremo come integrare una "keypad" per inserire il codice con una programmazione basata sul testo. Inoltre, due LED (verde e rosso) indicano lo stato del sistema di allarme. Il LED verde si accende quando il sistema è attivo e il LED rosso si accende quando il sistema di allarme è disattivato. Inoltre, il display deve accompagnare il processo di attivazione e disattivazione con un testo (inserire il codice; sistema attivo; inserire il codice; sistema non attivo). Il codice per l'attivazione del sistema di allarme deve essere, ad esempio, 0378493, quello per la disattivazione 2047291. Tuttavia, puoi anche implementare qualsiasi altro codice.

5.1 Componenti necessari

Link al progetto Tinkercad: https://bit.ly/3yqcJCi

Numero	Designazione
1	Arduino Uno
1	Breadboard (piccola)
2	Sensore di forza (force sensor)
2	Rilevatore di movimento (sensore PIR)
6	Resistori da 1 kΩ
1	Piezo
1	Display LCD 16×2 **(basato su I2C e MCP23008)**
4	LED (3x rosso e 1x verde)

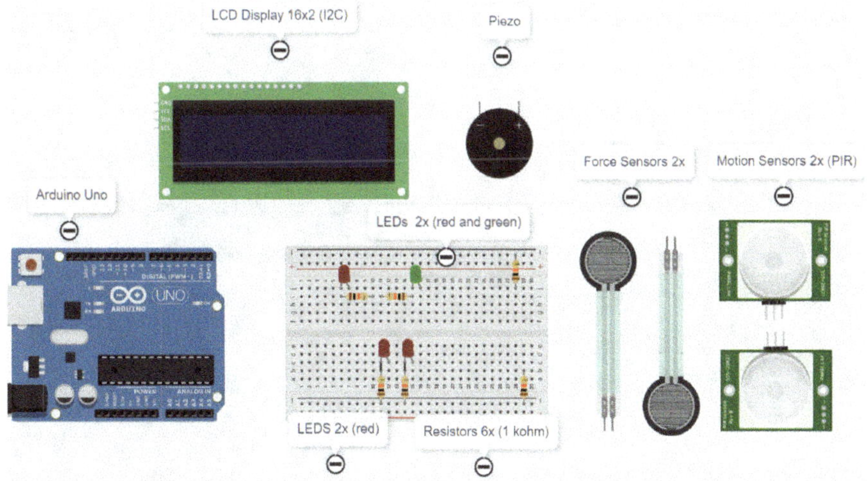

5.2 La progettazione dello schema circuitale

Per prima cosa disegneremo nuovamente lo schema del circuito del nostro sistema. Di seguito è riportata una vista schematica del circuito richiesto:

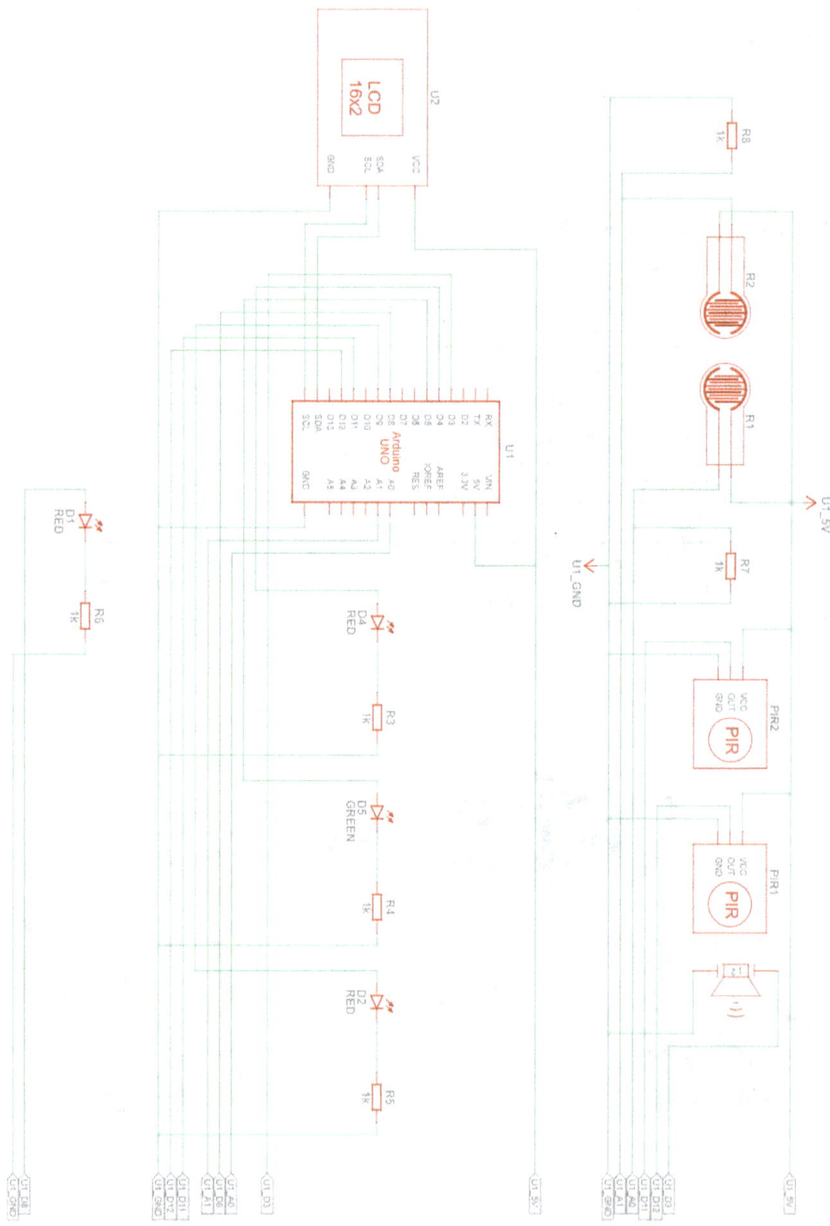

Per costruire il circuito in Tinkercad, iniziamo di nuovo con la breadboard come punto di partenza al centro del circuito. Inoltre, passiamo da "Basic" a "All" nella barra del menu di destra sotto "Components" per trovare tutti i componenti.

Nel primo passo, posizioniamo i LED e le resistenze come mostrato. Assicurati che le resistenze siano posizionate correttamente. Per alimentare la breadboard nella parte superiore e inferiore, colleghiamo anche i fili nero e rosso dai pin 5V e GND di Arduino alla breadboard. Poi abbiamo bisogno di altri fili neri in modo che tutti i componenti siano collegati a terra (GND).

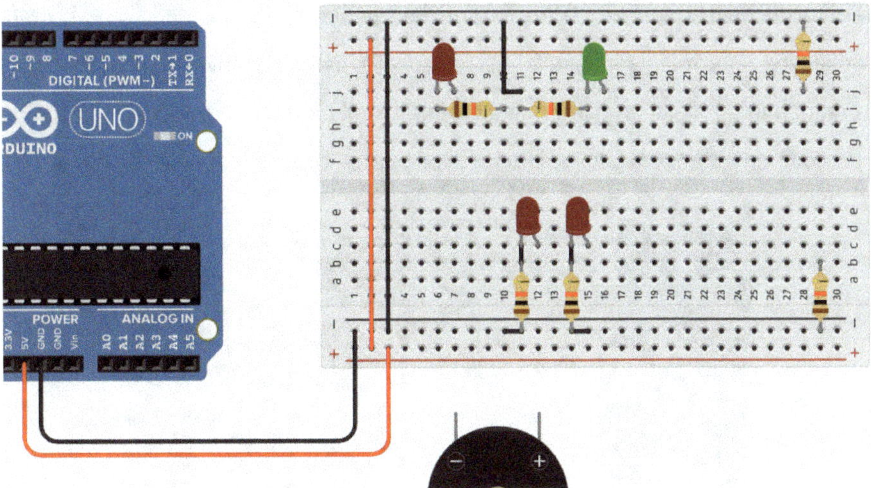

Nella fase successiva, colleghiamo tutti i LED ad Arduino. Per farlo, creiamo un collegamento tra l'anodo di ogni LED e un pin digitale di Arduino. A questo scopo utilizziamo i pin digitali 4, 5, 8 e 9. I colori dei fili (rosso, verde, viola, rosa) non sono importanti, ma dovrebbero essere diversi l'uno dall'altro per avere una visione d'insieme o un contrasto migliore.

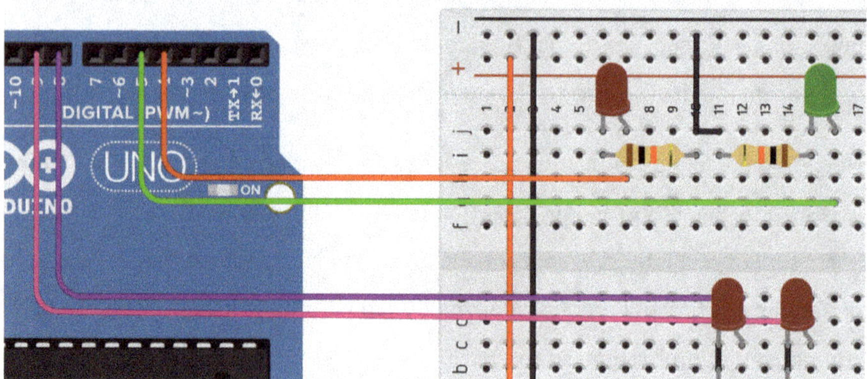

Poi forniamo il buzzer piezoelettrico che deve generare il suono dell'allarme. Basta collegare il terminale negativo del piezo alla linea negativa del pin "-" della breadboard. Colleghiamo il terminale positivo del piezo al pin digitale 3 di Arduino in modo da poter controllare il flusso di corrente attraverso di esso.

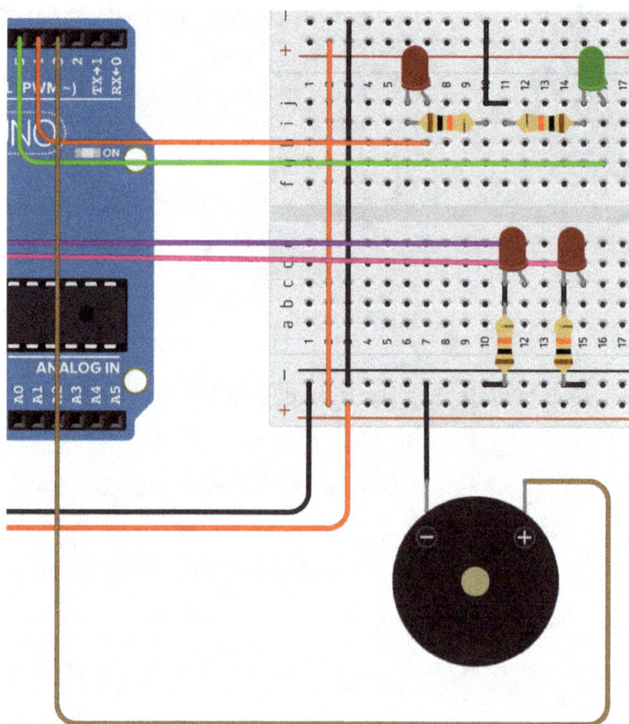

Ora colleghiamo i due sensori di forza con la breadboard e Arduino. Per fare ciò, colleghiamo un filo (rosso) alla linea positiva del pin "+" della breadboard e un altro filo (nero) alla breadboard, che a sua volta si collega ai pin analogici A0 e A1 di Arduino con un altro filo (verde e arancione). A proposito, non importa quale connessione del sensore di forza sia utilizzata per quale linea.

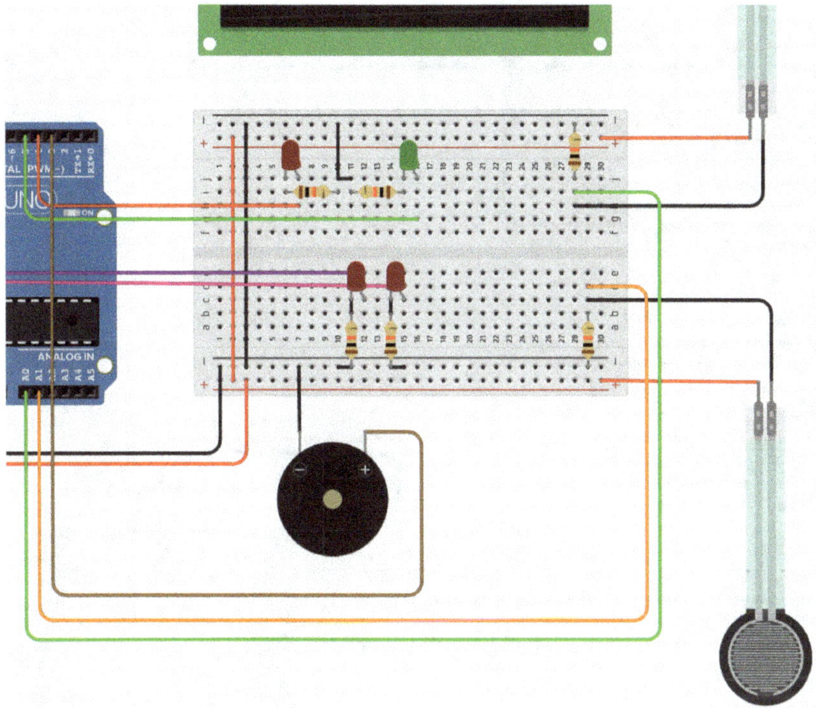

Procediamo in modo simile per il collegamento dei due rilevatori di movimento. Per prima cosa alimentiamoli (a tal fine abbiamo bisogno dei due pin di destra; il collegamento dei pin è rivolto verso il basso). Collega il pin destro con "-" e il pin centrale con "+".

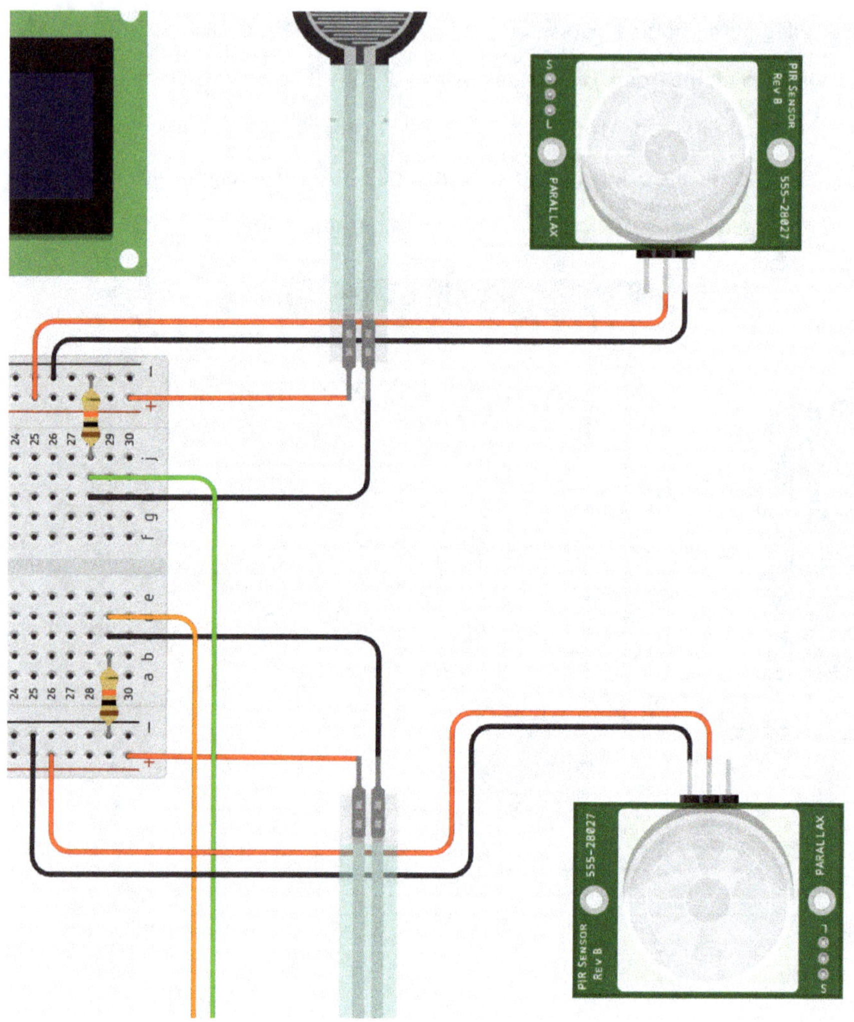

Poi colleghiamo una linea di segnale (verde o arancione) dal rilevatore di movimento al pin digitale di Arduino 11 o 12. Infine, colleghiamo il display LCD nel solito modo, come nel progetto precedente. Per farlo, alimentiamo il display tramite la breadboard e colleghiamo le connessioni "SDA" e "SCL" del display ai pin designati di Arduino.

Possiamo vedere questi due passaggi nel seguente diagramma finale del circuito.

Schema elettrico completo:

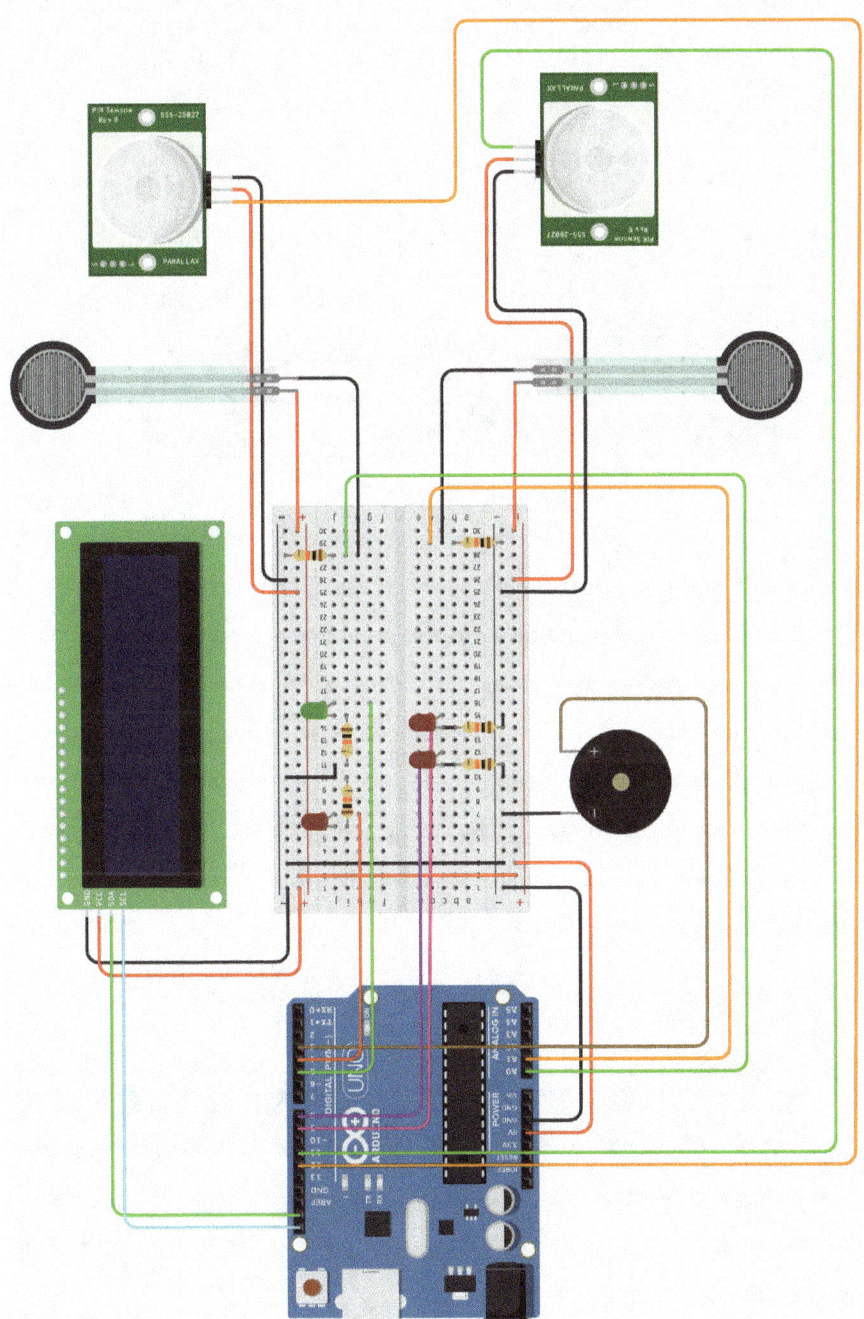

5.3 Sviluppo del codice del programma

Dopo aver cablato con successo anche il nostro secondo progetto, torniamo alla programmazione richiesta in questa sezione.

Passo 1:

Nel primo passo creiamo il blocco titolo opzionale (che si trova nella categoria "Notation") con il testo "alarm system".

Passo 2:

Nel secondo passo, aggiungiamo il blocco "on start", che esegue una determinata riga di codice solo una volta all'avvio del programma. Quale codice dobbiamo eseguire una sola volta in questo progetto? Pensa al primo progetto! Esattamente, l'inizializzazione del display LCD. Lo facciamo di nuovo con il comando "configure LCD" dalla categoria "Output". Il numero, l'indirizzo e il tipo sono gli stessi del primo progetto. Anche in questo caso <u>non</u> mostrerò sempre i blocchi precedenti, per una visione migliore nel seguito. Puoi semplicemente posizionare i blocchi successivi sotto il blocco precedente.

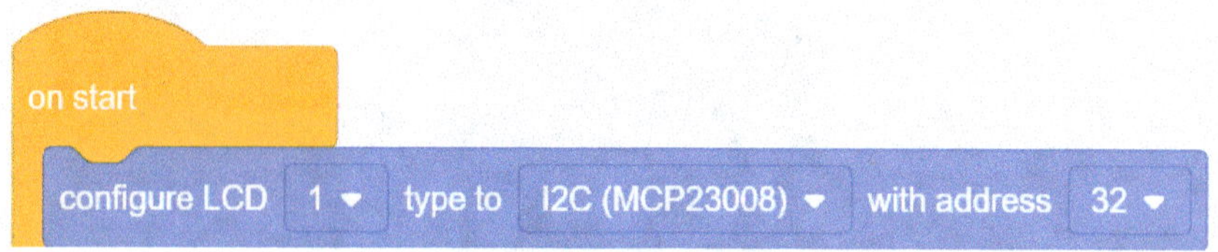

Tuttavia, questo passaggio non è ancora terminato, perché vogliamo anche mostrare un testo iniziale sul display in questo blocco. Vogliamo mostrare che devi inserire un codice e che il sistema è attivo.

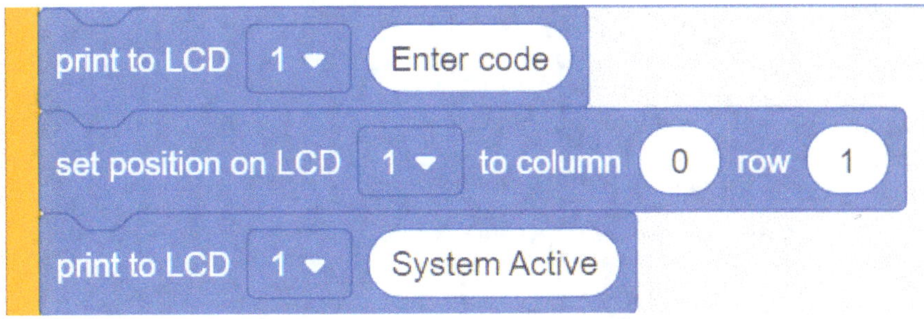

Inoltre, non vogliamo solo visualizzarlo, ma vogliamo che il sistema sia effettivamente attivo all'avvio. Per farlo, dichiariamo prima tutte le variabili di cui abbiamo bisogno in questo progetto. Lo facciamo nella categoria "Variables".

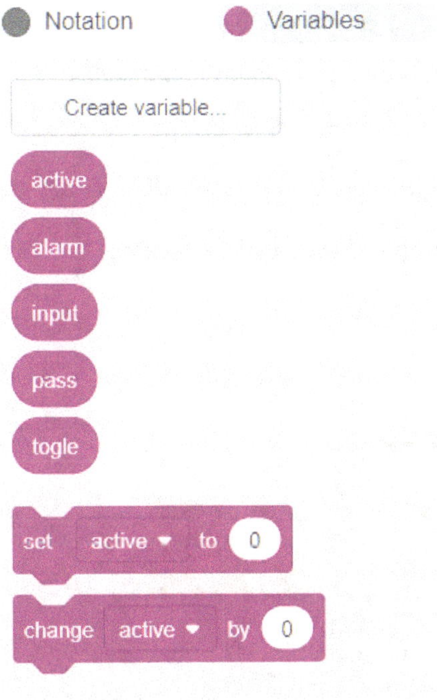

Abbiamo già bisogno delle tre variabili "active", "alarm" e "togle" all'inizio. Affinché il sistema sia attivo all'avvio, impostiamo la variabile "active" sul valore 1 ("on"). Impostiamo la variabile "alarm" sul valore 0 ("off") in modo che l'allarme sia disattivato all'avvio del sistema. Impostiamo anche la variabile "togle" sul valore 1 ("on"). Vedremo più avanti perché abbiamo bisogno di questa variabile.

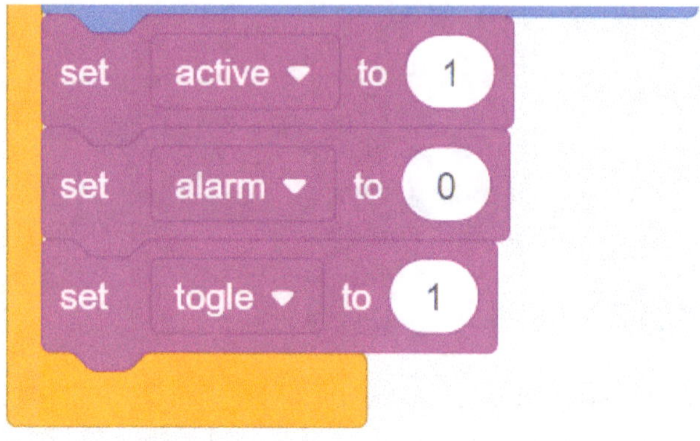

Passo 3:

Ora il blocco "on start" è pronto e abbiamo bisogno di un altro blocco "forever" che contenga il codice da eseguire in un ciclo (analogo a void loop () nel codice testuale).

Per prima cosa inseriamo un piccolo ritardo in modo che Arduino abbia il tempo necessario per terminare tutti i processi precedenti. Quindi impostiamo la variabile "pass" sul valore "0".

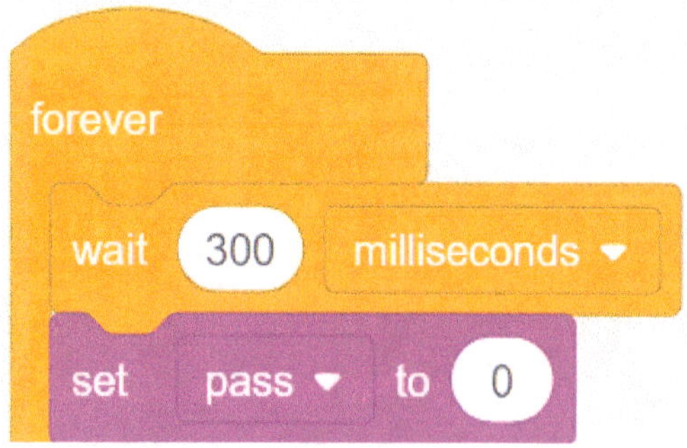

Ora seguono diverse condizioni "if" che ci permettono di interrogare la password o di confrontare l'input del monitor seriale con la password.

A proposito, possiamo aprire il monitor seriale per inserire successivamente il codice nell'area di programmazione:

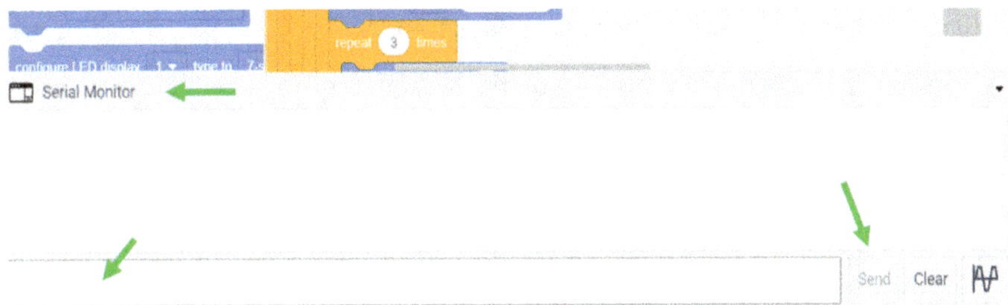

Ora le condizioni "if". Per prima cosa controlliamo se è stato inserito qualcosa nel monitor seriale. Lo facciamo con "number of serial characters available", che nel normale codice di testo corrisponde alla funzione "Serial.available ()". Per maggiori informazioni, vedi qui:

https://www.arduino.cc/reference/en/language/functions/communication/serial/available/

Il numero di caratteri inseriti deve essere maggiore di 0, altrimenti logicamente non è stato inserito nulla. Successivamente, verifichiamo con una condizione if-else ("if ... else" invece di una semplice condizione if) se il numero di caratteri inseriti corrisponde esattamente al valore 7 (i nostri due codici hanno ciascuno esattamente 7 numeri). In questo modo, vengono controllati solo gli input a sette cifre, perché se il numero di numeri è già sbagliato, possiamo comunque salvare il controllo.

Ora la questione si fa un po' più complessa. Per prima cosa dobbiamo convertire il numero inserito da un valore in caratteri "char" (formato di input nel monitor seriale) a un valore decimale con l'aiuto di una tabella ASCII. Una tabella ASCII può essere trovata ad esempio qui:

https://upload.wikimedia.org/wikipedia/commons/1/1b/ASCII-Table-wide.svg

L'utilizzo della tabella e la conversione (utilizzando come esempio il codice per l'attivazione del sistema di allarme) è quindi la seguente:

Decimal	Hex	Char
40	28	(
41	29	)
42	2A	*
43	2B	+
44	2C	,
45	2D	-
46	2E	.
47	2F	/
48	30	0
49	31	1
50	32	2
51	33	3
52	34	4

Poi implementiamo un'operazione aritmetica. Vogliamo aggiungere i valori di ingresso convertiti al doppio della somma precedente. Questo significa che:

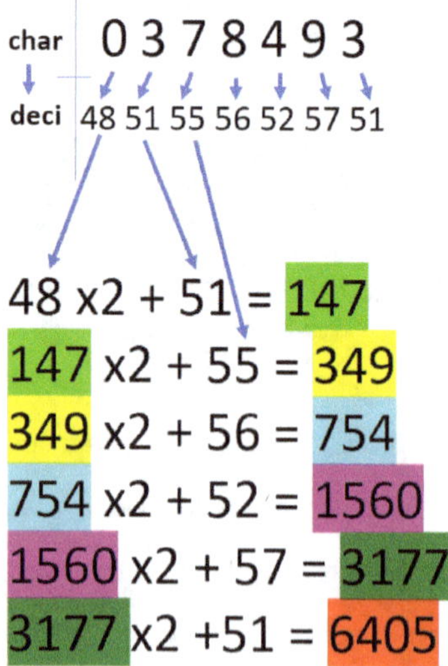

Lo facciamo in Tinkercad con la seguente formula:

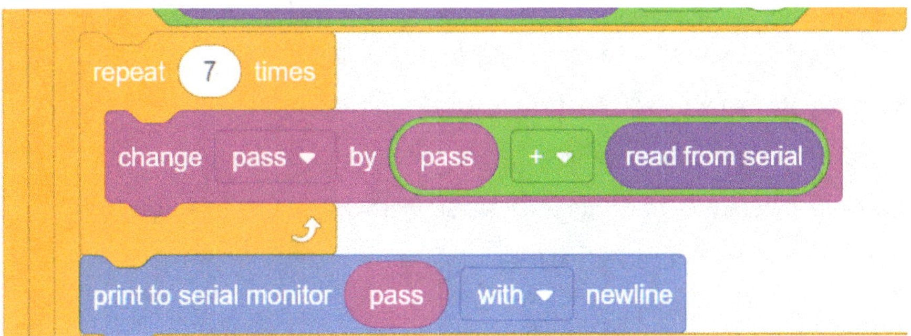

Passo 4:

In questo passaggio, dobbiamo prima verificare se l'ingresso convertito (codice) corrisponde al valore 6405 (risultato del passaggio 3 in rosso) o 6371 (valore del codice convertito per la disattivazione; calcolo analogo al passaggio 3). Lo facciamo ancora una volta con una condizione if-else (seleziona "if ... else"). Perché lo facciamo? Per questo motivo vengono presi in considerazione solo i casi in cui è stato inserito uno dei due codici (gli inserimenti errati non vengono quindi approfonditi in questa sezione). Segue un nuovo controllo if (domanda: la variabile "pass" ha il valore 6405 per l'attivazione?). Se questa condizione è soddisfatta, il display LCD deve visualizzare il testo "Enter Code" nella posizione 0/0 (riga: 0, riga: 0) e il testo "System Active" nella posizione 0/1, cioè una riga sotto.

Ci sono anche altre cose da fare. Per prima cosa, cancelliamo gli ultimi tre caratteri che vengono visualizzati nella seconda riga del display con l'aiuto di un ciclo "for" (qui: "repeat ... times") e "print to LCD" (nessun valore qui significa sovrascrivere il valore vuoto). Il motivo di questa necessità è difficile da spiegare. Alla fine, dovresti semplicemente provare a cancellare questo blocco (fai una copia del tuo progetto prima) e simulare la transizione tra sistema attivo, sistema non attivo e sistema nuovamente attivo con l'aiuto delle password.

D'altra parte, la nostra variabile che riflette lo stato del sistema di allarme (attivo o non attivo) deve essere impostata sul valore 1 ("on" o attivo). E poiché abbiamo installato due LED di controllo, anche questi dovrebbero essere controllati qui. Il LED rosso non dovrebbe accendersi (pin 4 "LOW"), mentre il LED verde dovrebbe accendersi (pin 5 "HIGH").

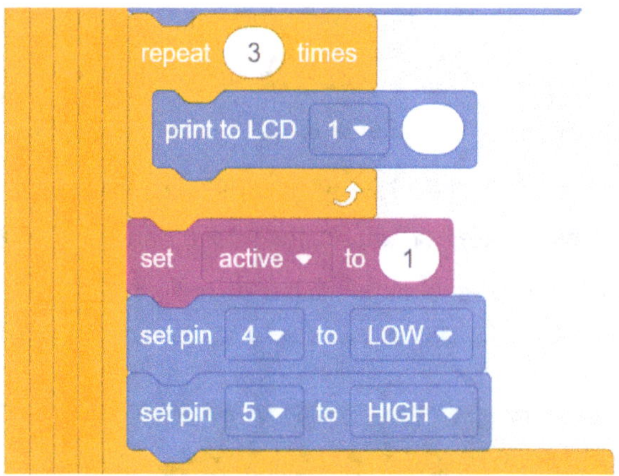

Ora abbiamo implementato tutto ciò che serve per attivare il nostro sistema di allarme tramite codice. Anche se a prima vista è un po' più complesso, presto avremo il progetto finito e pronto per la simulazione! Non c'è da vergognarsi a leggere alcune pagine due o tre volte se non hai capito qualcosa al primo tentativo. Puoi farcela!

Passo 5:

In questa fase successiva, implementeremo l'opposto del codice precedente, cioè la disattivazione del sistema di allarme. Per prima cosa, controlliamo con una condizione "if" se l'input convertito (codice) corrisponde al valore 6371. Se questo controllo è vero, verrà visualizzato nuovamente il testo "Enter code" e questa volta anche "System <u>not</u> Active". Dobbiamo anche considerare le posizioni sul display LCD. Inoltre, la variabile "active" deve essere impostata sul valore 0 ("off"; sistema non attivo) e i pin del LED rosso o verde devono essere controllati di conseguenza (rosso: "HIGH"; verde: "LOW"). Dobbiamo anche disattivare l'allarme nel caso in cui stia segnalando un'intrusione ma il sistema sia stato disattivato con il codice corretto. Per farlo, imposta la variabile "alarm" sul valore 0 ("off").

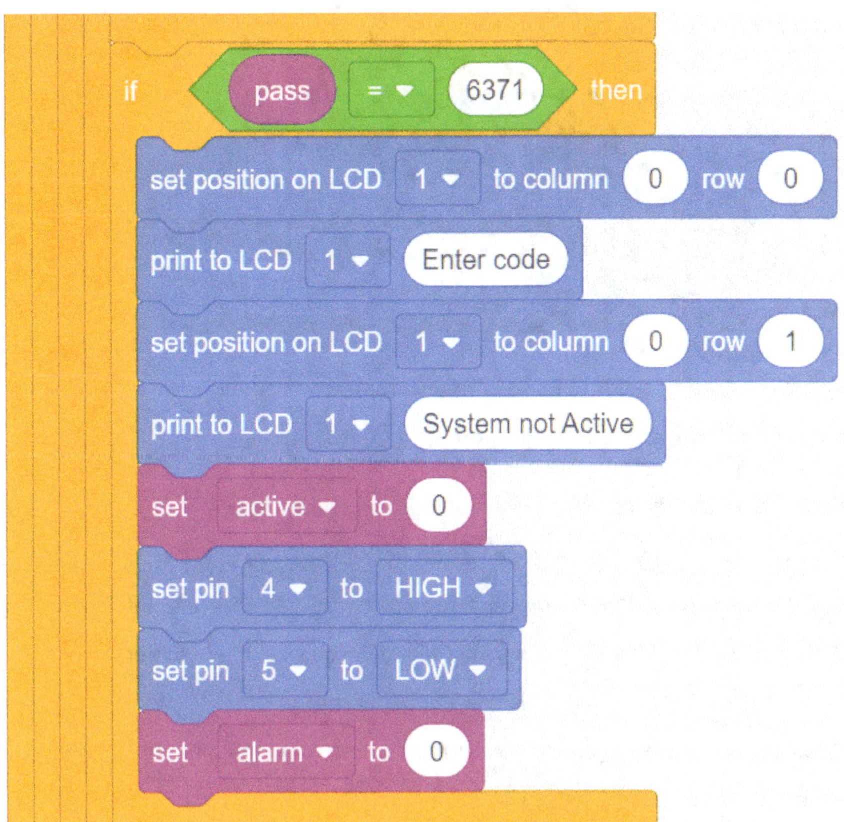

Passo 6:

Di seguito, ci troviamo nelle sezioni "else" delle condizioni "if-else" dei passi 3 e 4 (i blocchi si collegano di nuovo senza soluzione di continuità al passo 5).

Se il controllo al punto 3 (l'input ha più o meno di 7 caratteri) non ha successo, verrà visualizzato il testo: "wrong pass", perché la password inserita è sbagliata. Lo stesso accadrà se il controllo del passo 4 (l'ingresso convertito (codice) corrisponde al valore 6405 o 6371) non ha esito positivo.

A proposito, con "set input ..." e "read from serial" definiamo ancora che la variabile "input" legge e riceve il valore dal monitor seriale.

Ora dobbiamo definire cosa deve accadere quando il sistema di allarme viene attivato. In questo caso, si leggono i valori dei sensori e se uno di essi supera o ha raggiunto un certo valore di soglia (valore analogico del sensore di forza maggiore di 70 = circa 0,3 -0,4 N; valore digitale del sensore di movimento a 1 per "movimento rilevato"), allora la variabile "alarm" si attiva (valore 1 = "on"), altrimenti si disattiva (valore 0 = "off"). Questo viene implementato con una condizione "if" e una condizione "if-else" come segue.

La seguente immagine originale è divisa in due immagini per una migliore leggibilità:

Originale:

Diviso per una migliore leggibilità:

Passo 7:

Subito dopo, dobbiamo definire cosa deve accadere quando la variabile "alarm" è attivata (cioè ha il valore 1). In questo caso, il pin 3 dovrebbe ricevere corrente. Il cicalino piezoelettrico è collegato a questo pin e genera un suono. Utilizziamo una condizione "if-else" per questo!

In questa condizione "if-else", annidiamo anche un'altra condizione "if-else" che serve a controllare la nostra variabile "togle", che abbiamo già incontrato all'inizio di questo progetto. Questa variabile controlla il lampeggio alternato dei due LED rossi. Questi LED (pin 8 e pin 9) devono lampeggiare quando scatta l'allarme, quindi commutiamo la variabile e i rispettivi pin alternativamente da 0 a 1 e da 1 a 0, rispettivamente, con un intervallo di 500 millisecondi (la frequenza di lampeggio può essere modificata a piacere).

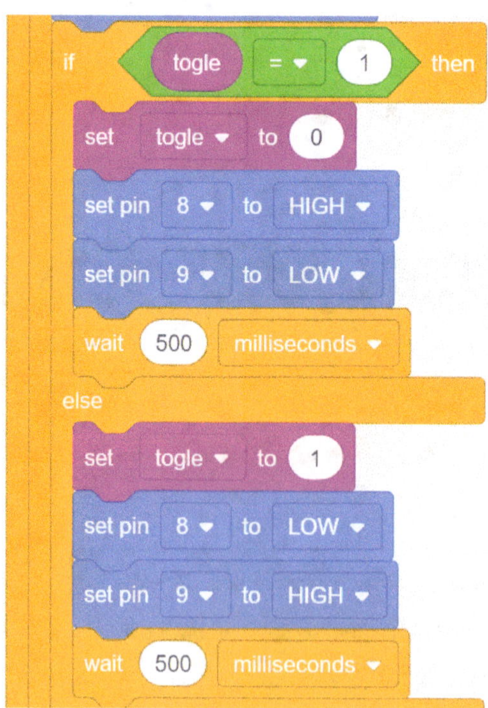

Passo 8:

In quest'ultimo passo dobbiamo ancora compilare la sezione "else" della prima condizione "if-else" del passo 7. La condizione nel passaggio 7 era: se "alarm" = 1 allora, altrimenti. Questo significa che troviamo il caso "else" in cui la variabile "alarm" <u>non</u> ha il valore 1 (ma ha il valore 0). In questo caso, i pin 8, 9 e 3 non devono ricevere alcuna corrente ("LOW"). Questi sono i pin del cicalino piezoelettrico e dei due LED rossi, quindi in questo caso nessun allarme e nessuna luce lampeggiante dovrebbero essere attivi.

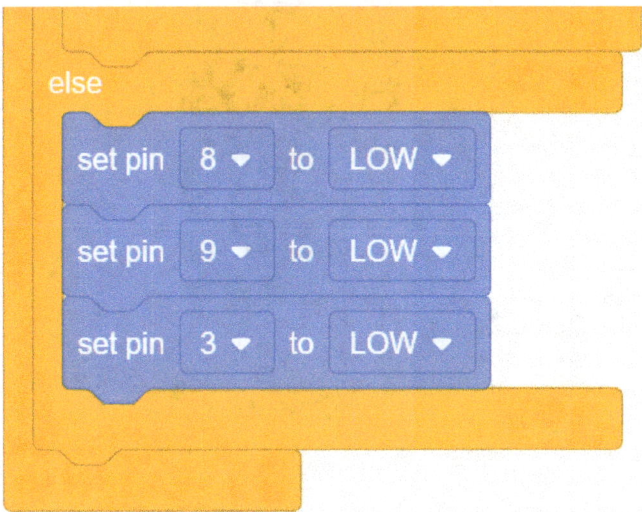

Molto bene! Ce l'abbiamo fatta. Ottimo se hai continuato a seguirlo. L'illustrazione completa del codice a blocchi in un unico pezzo non ha senso in questo caso, perché non riusciresti a vedere nulla a causa delle dimensioni. A questo punto ha più senso guardarlo in Tinkercad, se necessario. Usa il seguente link per raggiungere il progetto: https://bit.ly/3yqcJCi

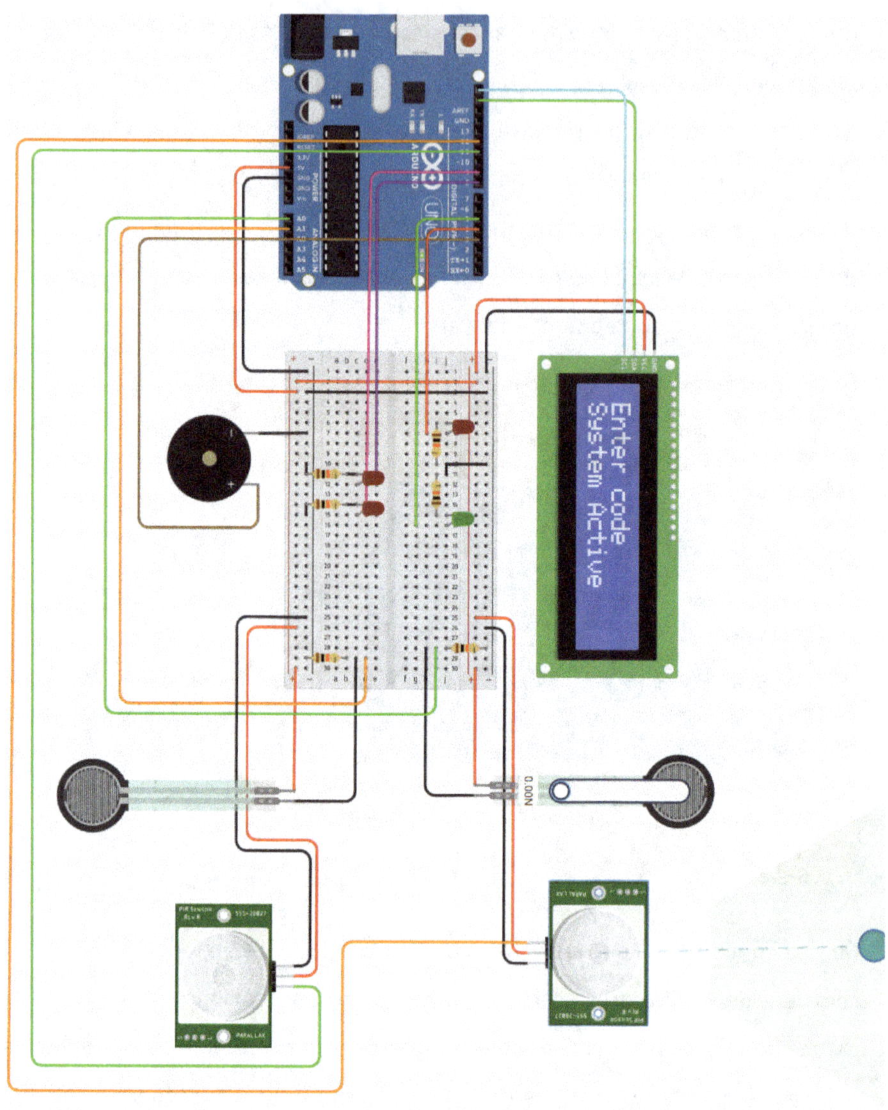

Puoi impostare i valori dei sensori con un solo clic. Con il sensore di movimento, anche un piccolo movimento è sufficiente. Per il sensore di forza, devi impostare un valore superiore a 0,4 N per attivare un allarme.

All'inizio ho detto che aggiungeremo anche un "keypad" come alternativa all'inserimento del codice. Ma potremmo farlo solo in modo molto complesso e lungo con il codice a blocchi. Per questo motivo utilizzeremo un codice di testo che ti mostrerò di seguito.

Puoi trovare il progetto Tinkercad con "Keypad" qui: https://bit.ly/3PbxJn2

<u>A proposito</u>: confermiamo l'inserimento della password con il tasto "#" della tastiera.

L'unica modifica da apportare allo schema del circuito è l'aggiunta del "keypad". Lo facciamo collegandolo come illustrato. I collegamenti alla "keypad" sono per le singole colonne e righe (4 + 4 = 8 collegamenti). Puoi pensare alla tastiera come a un tavolo.

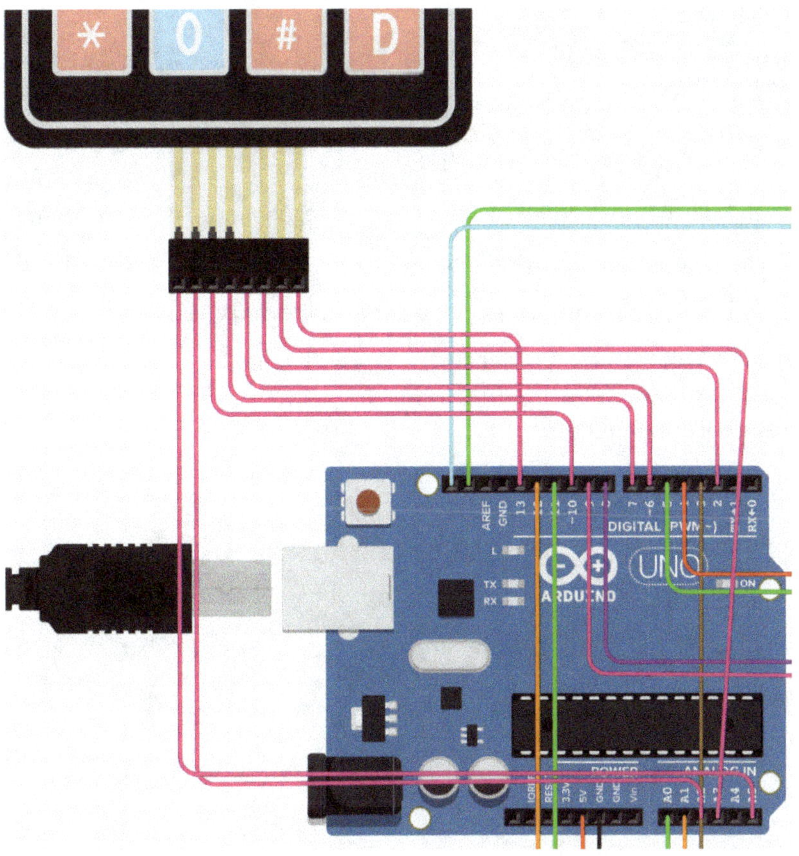

Puoi fare in modo che Tinkercad crei automaticamente un codice basato sul testo a partire da un codice a blocchi. Questo funziona passando da Blocchi a "Blocks + Text" sopra le categorie ("Output", "Control", "Input", ...) per la selezione dei blocchi. Il codice del programma viene visualizzato come testo accanto al codice del blocco.

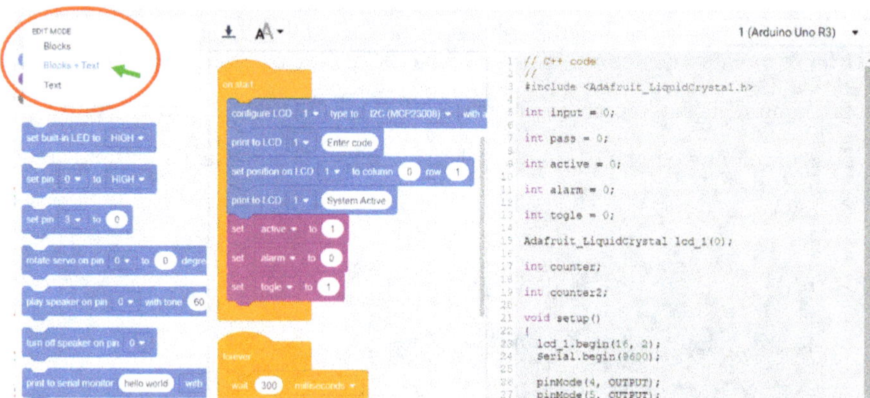

Ora puoi confrontare il codice del blocco con il seguente codice del programma di testo che ci serve per il progetto modificato (incluso il "keypad") e trovare così le differenze. Questo è un buon esercizio per stabilire un collegamento tra codice a blocchi e codice testuale o per imparare il trasferimento.

Il codice del programma è:

```cpp
#include <Adafruit_LiquidCrystal.h>
#include <Keypad.h>


int input = 0;
int pass = 0;
int active = 0;
int alarm = 0;
int togle = 0;
int counter;
```

```
int counter2;

const byte ROWS = 4; //four rows

const byte COLS = 4; //four columns

char keys[ROWS][COLS] = {

  {'1', '2', '3', 'A'},

  {'4', '5', '6', 'B'},

  {'7', '8', '9', 'C'},

  {'*', '0', '#', 'D'}

};

byte rowPins[ROWS] = {A5, A2, 10, 7}; //connect to the row pinouts of the keypad

byte colPins[COLS] = {6, 2, A3, 13}; //connect to the column pinouts of the keypad

String passText = "";

int passLength = 0;


Adafruit_LiquidCrystal lcd_1(0);

Keypad keypad = Keypad( makeKeymap(keys), rowPins, colPins, ROWS, COLS );


void setup()
{
  lcd_1.begin(16, 2);

  Serial.begin(9600);


  pinMode(4, OUTPUT);

  pinMode(5, OUTPUT);

  pinMode(A0, INPUT);

  pinMode(A1, INPUT);

  pinMode(11, INPUT);

  pinMode(12, INPUT);

  pinMode(3, OUTPUT);
```

```cpp
  pinMode(8, OUTPUT);

  pinMode(9, OUTPUT);


 lcd_1.print("Enter code");

 lcd_1.setCursor(0, 1);

 lcd_1.print("System Active");

 active = 1;

 alarm = 0;

 togle = 1;

}


void loop()

{

 //delay(300); // Wait for 300 millisecond(s)

 handle_keypad();

 pass = 0;

 handle_serial_input();


 if (active == 1) {

  if ((analogRead(A0) >= 70 || analogRead(A1) >= 70) || (digitalRead(11) == 1 || digitalRead(12) == 1))
{

   alarm = 1;

  } else {

   alarm = 0;

  }

 }

 if (alarm == 1) {

  digitalWrite(3, HIGH);

  if (togle == 1) {
```

```
      togle = 0;
      digitalWrite(8, HIGH);
      digitalWrite(9, LOW);
      delay(500); // Wait for 500 millisecond(s)
    } else {
      togle = 1;
      digitalWrite(8, LOW);
      digitalWrite(9, HIGH);
      delay(500); // Wait for 500 millisecond(s)
    }
  } else {
    digitalWrite(8, LOW);
    digitalWrite(9, LOW);
    digitalWrite(3, LOW);
  }
}


void active_pass() {
  lcd_1.setCursor(0, 0);
  lcd_1.print("Enter code");
  lcd_1.setCursor(0, 1);
  lcd_1.print("System Active");
  for (counter2 = 0; counter2 < 3; ++counter2) {
    lcd_1.print(" ");
  }
  active = 1;
  digitalWrite(4, LOW);
  digitalWrite(5, HIGH);
}
```

```cpp
void wrong_pass() {


  lcd_1.setCursor(0, 0);

  lcd_1.print("wrong pass");

}

void not_active_pass() {

  lcd_1.setCursor(0, 0);

  lcd_1.print("Enter code");

  lcd_1.setCursor(0, 1);

  lcd_1.print("System not Active");

  active = 0;

  digitalWrite(4, HIGH);

  digitalWrite(5, LOW);

  alarm = 0;



}


void handle_keypad() {

  char key = keypad.getKey();


  if (key) {

    if(passLength == 0){

      lcd_1.setCursor(0, 1);

      lcd_1.print("          ");

      lcd_1.setCursor(0, 1);

      }

    if(key == '#'){

      if(passText == "0378493"){

        active_pass();
```

```
      }
    else if(passText == "2047291"){

      not_active_pass();

      }
    else{

      wrong_pass();

      }
      passText = "";

      passLength = 0;


    return;

      }
    Serial.println(key);

    lcd_1.print(key);

    passText += String(key);

    passLength++;

  }
}


void handle_serial_input(){
  if (Serial.available() > 0) {
   if (Serial.available() == 7) {
     for (counter = 0; counter < 7; ++counter) {
       pass += (pass + Serial.read());
     }
     Serial.println(pass);
     if (pass == 6405 || pass == 6371) {
       if (pass == 6405) {
         active_pass();
```

```
        }
      if (pass == 6371) {

        not_active_pass();

        }

      } else {

      wrong_pass();

      }

    } else {

    wrong_pass();

    }

    input = Serial.read();

  }

}
```

6 Progetto 3 - Monitoraggio delle piante

Questo progetto è dedicato a tutti coloro che purtroppo troppo spesso dimenticano di annaffiare e curare le proprie piante. In questo progetto monitoreremo un impianto con l'aiuto di sensori e interverremo con attuatori in caso di deviazioni.

Come sensori utilizziamo un sensore di umidità del terreno che può essere collocato in un vaso di fiori. Controlla l'umidità del terreno delle piante. Utilizziamo anche un sensore di luce ambientale che rileva la luce dell'ambiente vicino all'impianto. Infine, utilizziamo anche un sensore di temperatura che monitora la temperatura ambientale vicino all'impianto.

La temperatura, la luminosità della luce ambientale e l'umidità del terreno della pianta vengono visualizzate con l'aiuto di tre "7-Segment Clock Displays". La visualizzazione deve avvenire in percentuale, ovvero da 0 a 100. Il valore 0 dovrebbe significare che la temperatura è al minimo, la luce ambientale è al minimo e il terreno della pianta è molto secco. Il valore 100, invece, dovrebbe significare che la temperatura è più alta, la luce ambientale è più forte e il terreno della pianta è molto umido. Per ogni sensore è previsto un "7-Segment Clock Displays".

Per garantire l'alimentazione dell'impianto anche quando non siamo in casa, vorremmo anche installare alcuni attuatori. Per far sì che la pianta riceva l'acqua, abbiamo un servomotore controllato, che potrebbe poi aprire un accesso all'acqua tramite un meccanismo, ad esempio. Vogliamo anche che due lampadine si accendano quando la temperatura scende sotto i 15° C e si spengano di nuovo non appena la temperatura raggiunge almeno i 15° C. Stiamo usando una lampada a incandescenza come attuatore. Qui utilizziamo una lampada a incandescenza come riscaldamento elettrico di fortuna, in quanto emette molto calore oltre che luce. Al crepuscolo (sensore di luce ambientale), la pianta dovrebbe essere illuminata con luce rossa per 15 secondi (15 minuti sarebbe meglio, ma sarebbe troppo lungo per i nostri scopi di simulazione), il che dovrebbe migliorare la fase di sonno della pianta. A questo scopo, utilizziamo tre LED RGB.

6.1 Componenti necessari

Link al progetto Tinkercad: https://bit.ly/3bYWogc

Numero	Designazione
1	Arduino Uno
1	Breadboard (piccola)
1	Sensore di luce ambientale (ambient light sensor)
1	Sensore di temperatura TMP36
1	Sensore di umidità del suolo (soil moisture sensor)
2	Lampadina (light bulb)
3	LED RGB
1	Resistenza da 100 kΩ per il sensore di luce ambientale
1	Resistenza da 20 Ω per i LED RGB
1	Servomotore
3	7-Segment Clock Display

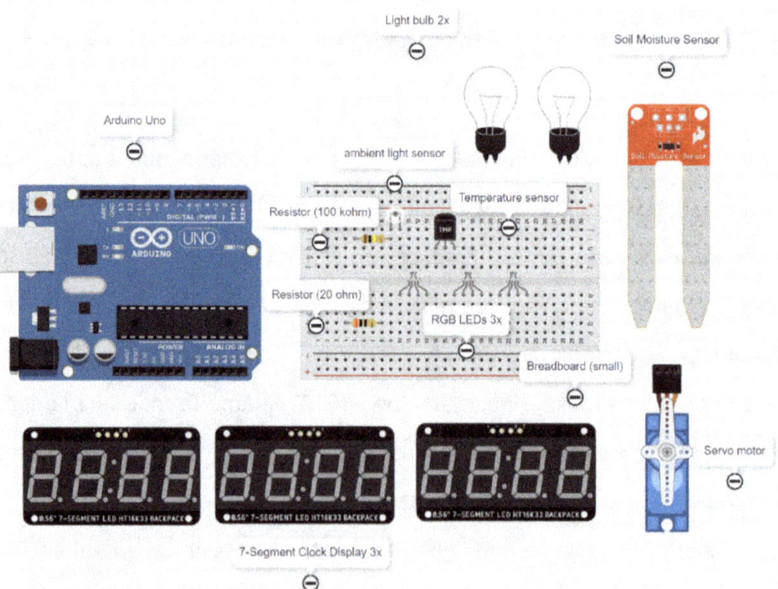

Aggiornamento per il sensore di temperatura TMP36:

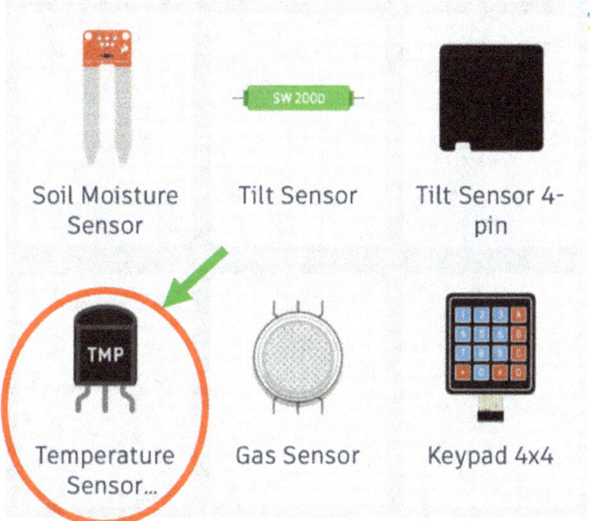

Avevamo già utilizzato il TMP36 una volta nel primo libro della serie. Ecco un breve aggiornamento su come usarlo.

Il TMP36 è un sensore di temperatura a bassa tensione. La particolarità di questo sensore di temperatura è la sua linearità nell'intero intervallo di misurazione della temperatura. Il sensore ha tre connessioni: "+VS", "GND" e "Vout". Il pin "Vout" di questo sensore fornisce una tensione di uscita linearmente proporzionale alla temperatura misurata in gradi Celsius. La tensione di funzionamento del sensore è di 5V DC, il che consente di utilizzarlo direttamente con Arduino UNO. Per ogni grado Celsius di variazione della temperatura, la tensione di uscita cambia di 10 millivolt. A 25 °C, la tensione di uscita è di 750 mV. La scheda tecnica completa può essere scaricata dal seguente link:

https://www.analog.com/media/en/technical-documentation/data-sheets/TMP35_36_37.pdf

A 0 gradi Celsius, il valore di tensione analogica quantizzata è pari a 104. Su questa base, possiamo eseguire la conversione richiesta dal valore del sensore alla temperatura come segue: **Temp_C = (valore del sensore - 104) * 165/338.**

6.2 La progettazione dello schema circuitale

Prima di iniziare a cablare i nostri componenti, diamo un'occhiata alla vista schematica del circuito richiesto.

Schema del circuito:

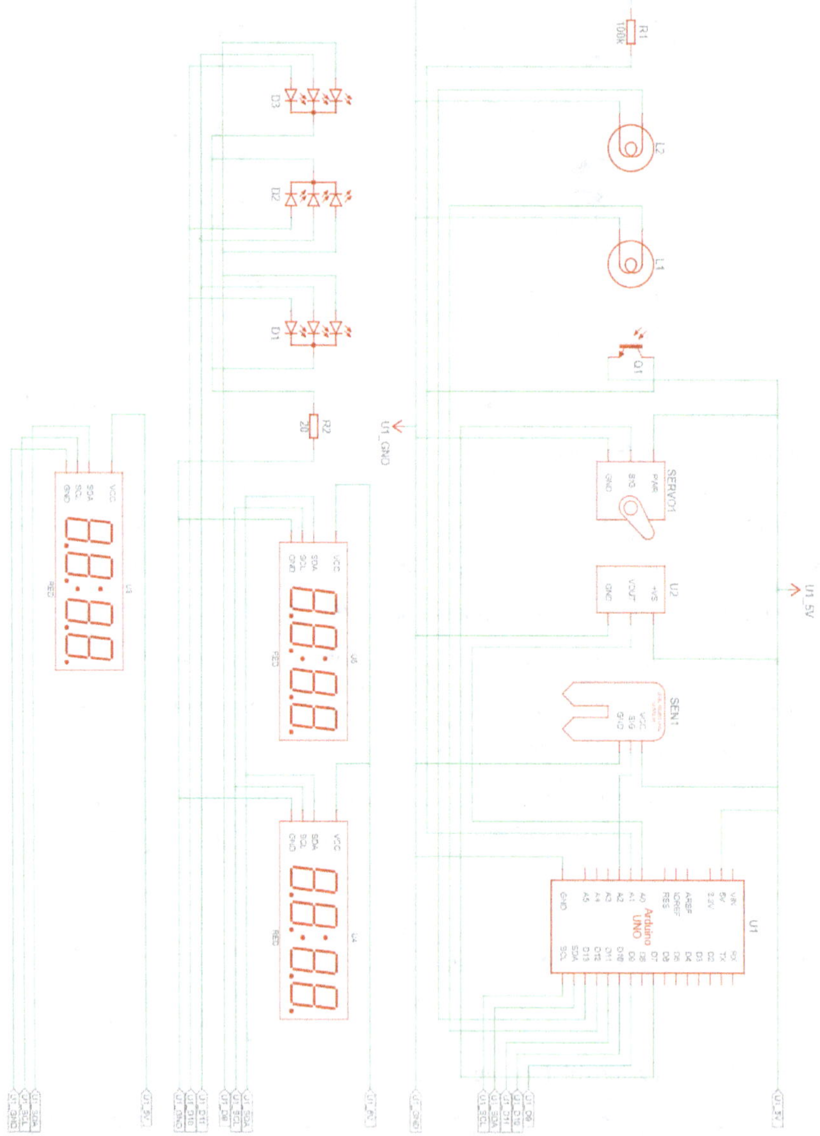

Per il cablaggio, iniziamo come al solito con la breadboard come punto di partenza al centro del circuito e l'Arduino a sinistra.

Equipaggiamo la breadboard con il sensore di luce ambientale, il sensore di temperatura e i tre LED RGB. Inoltre, attacchiamo anche le due resistenze nella posizione indicata. Poi alimentiamo la breadboard. Per farlo, colleghiamo un filo rosso e uno nero da Arduino (rispettivamente i pin 5V e GND) alle due strisce di alimentazione ("+" e "-") della breadboard nell'area inferiore. Inoltre, colleghiamo l'area inferiore con quella superiore.

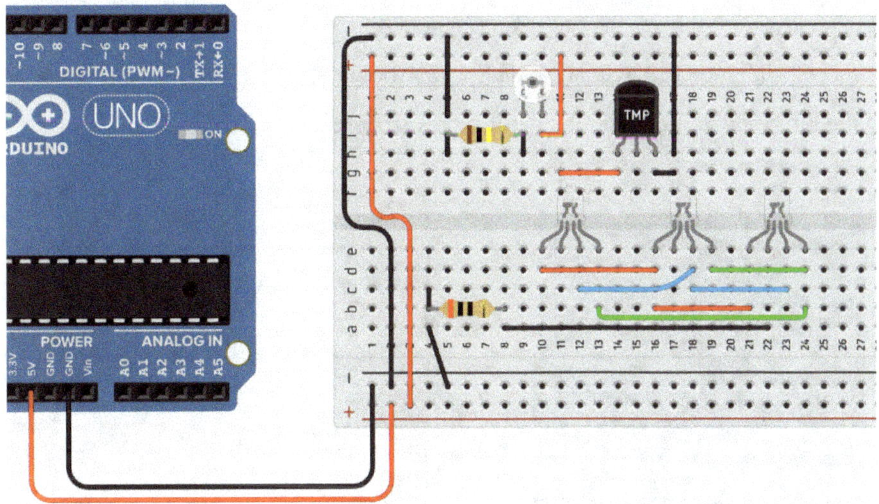

Per i LED RGB, colleghiamo le connessioni dei colori (rosso, blu, verde) tra loro ed effettuiamo un collegamento al catodo (nero) tramite la resistenza da 20 Ω. Il sensore di temperatura viene alimentato con corrente (rosso e nero) e anche il sensore di luce ambientale viene alimentato con corrente tramite il resistore da 100 kΩ. Se ti stai chiedendo quali connessioni del sensore di temperatura e dei LED RGB corrispondono a quale funzione, dai un'occhiata alla seguente illustrazione per rinfrescare le tue conoscenze:

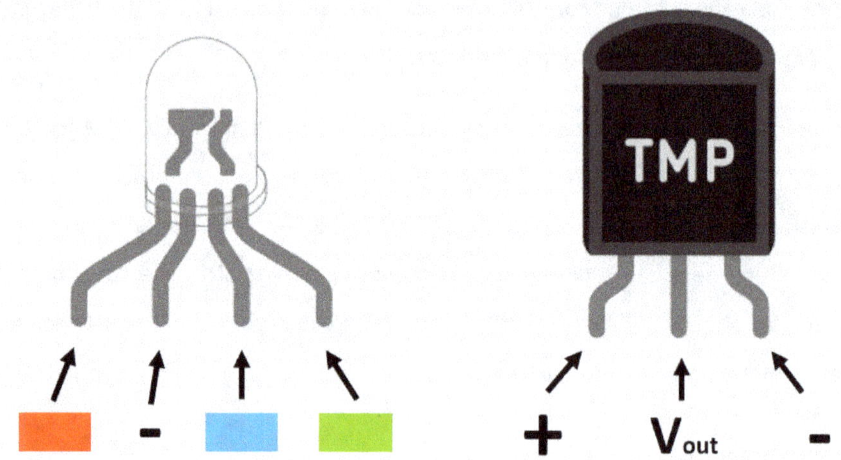

Poi colleghiamo i LED RGB ai pin digitali di Arduino 9, 10 e 11 tramite un filo rosso, uno blu e uno verde in modo da poterli controllare.

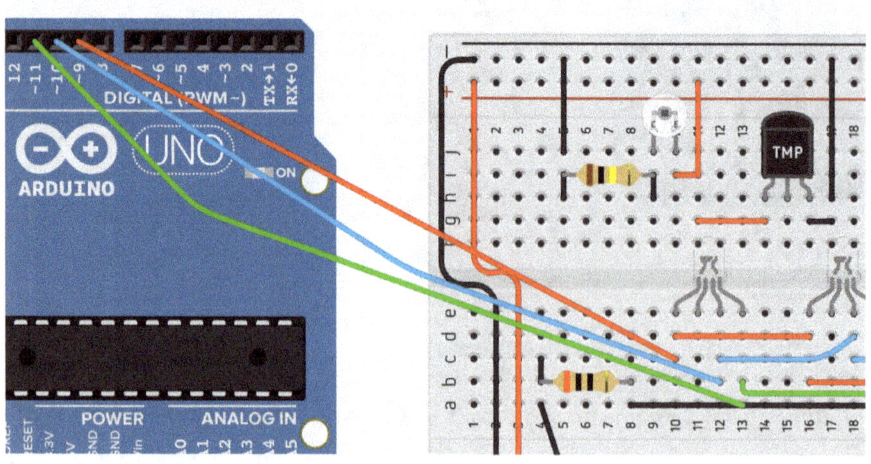

Successivamente, ci occupiamo del sensore di luce ambientale e del sensore di temperatura. Colleghiamo il sensore di luce ambientale con un filo azzurro attraverso il resistore sul pin "C" all'ingresso analogico A1 di Arduino. Colleghiamo il sensore di temperatura all'ingresso analogico A0 di Arduino con un filo giallo attraverso il pin centrale (V_{out}).

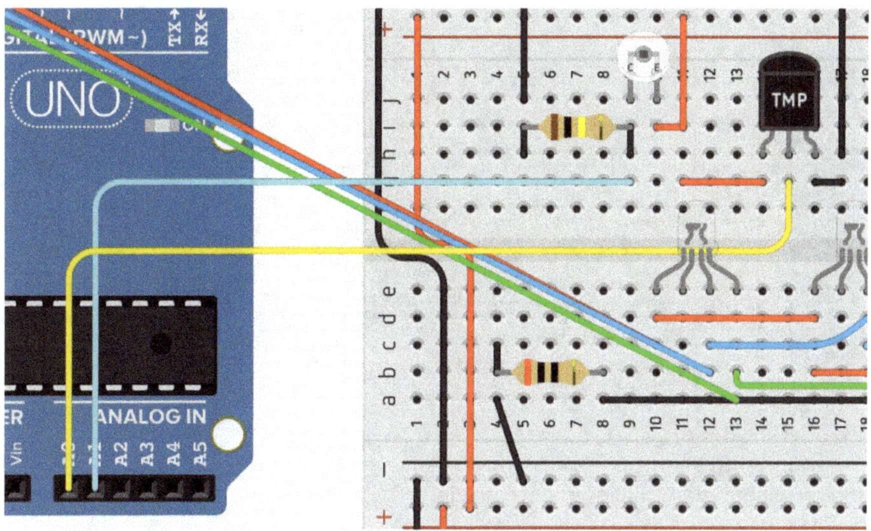

Continuiamo con le lampadine, che colleghiamo da un lato all'alimentazione della nostra breadboard ("-") e dall'altro ai pin digitali 12 e 13 di Arduino.

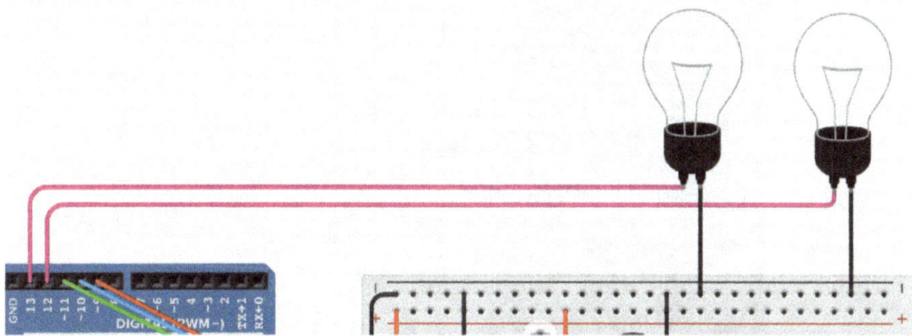

Ora ce l'abbiamo quasi fatta! Mancano solo il sensore di umidità del terreno, il servomotore e i tre display. Per prima cosa colleghiamo il sensore di umidità del terreno. L'assegnazione dei pin è stampata sul sensore. Sono presenti i collegamenti VCC ("+"), GND ("-") e SIG (segnale). Quindi, per prima cosa dobbiamo alimentare nuovamente il sensore; per farlo, lo colleghiamo alla breadboard. Colleghiamo quindi la connessione SIG all'ingresso analogico A2 di Arduino.

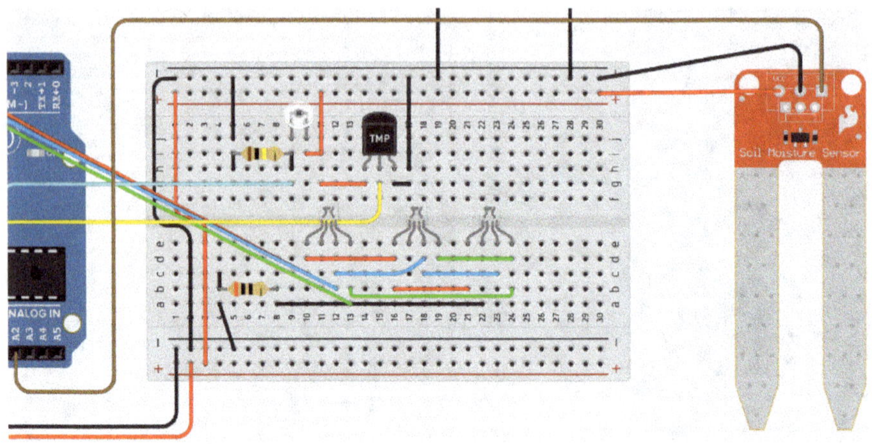

Inoltre, alimentiamo il servomotore con la solita tensione (pin sinistro: " - ", pin centrale: " + "). Inoltre, forniamo il collegamento per il segnale di controllo (pin destro) tramite il pin digitale 7 di Arduino.

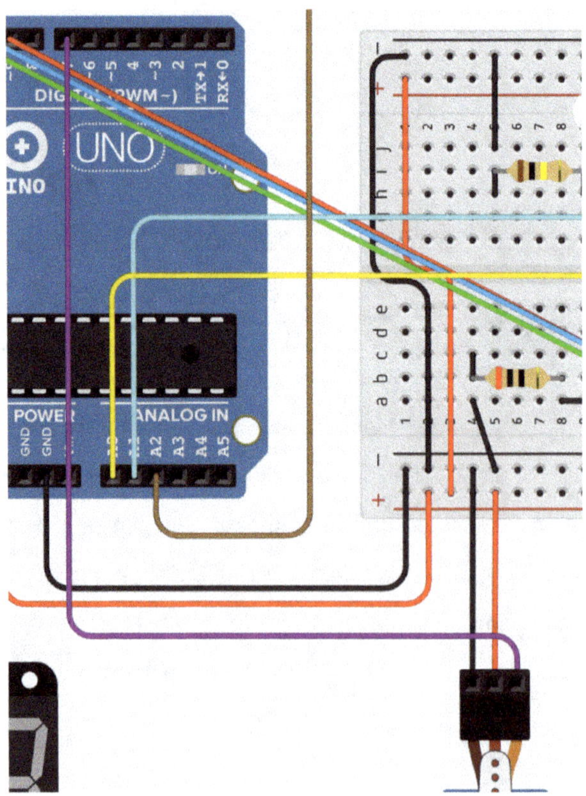

Infine, dobbiamo collegare i "7-Segment Clock Displays". I "Display LED HT16K33 a 7 segmenti da 0,56 inch" qui utilizzati hanno quattro connessioni. Due di essi sono per l'alimentazione (stampati "+" e "-") e due per il controllo dei segnali (stampati "C" e "D"). L'aggiunta "HT16K33 Backpack" significa che i display sono dotati di un "driver LED I2C HT16K33" che, come per il display LCD I2C, consente il controllo tramite le connessioni SDA e SLC di Arduino.

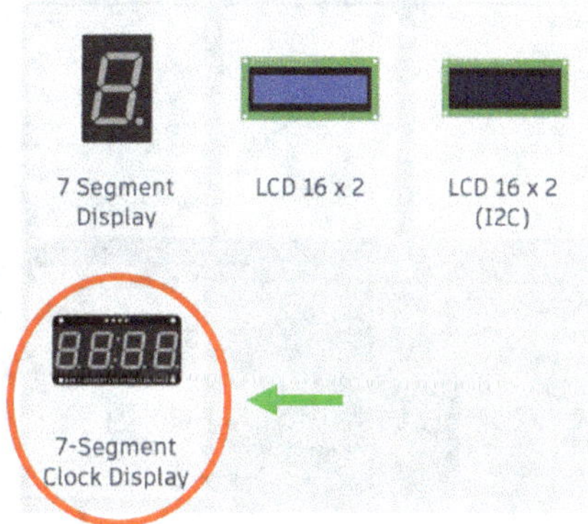

Per prima cosa alimentiamo i display tramite la breadboard e Arduino.

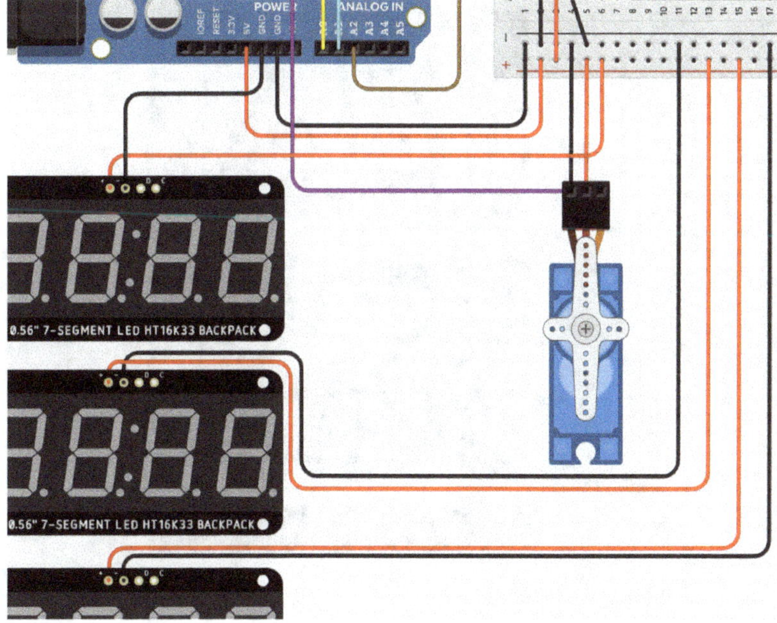

Poi mettiamo le linee di segnale in turchese (pin "C" del rispettivo display al pin "SCL" di Arduino) e marrone (pin "D" del rispettivo display al pin "SDA" di Arduino).

Schema elettrico completo:

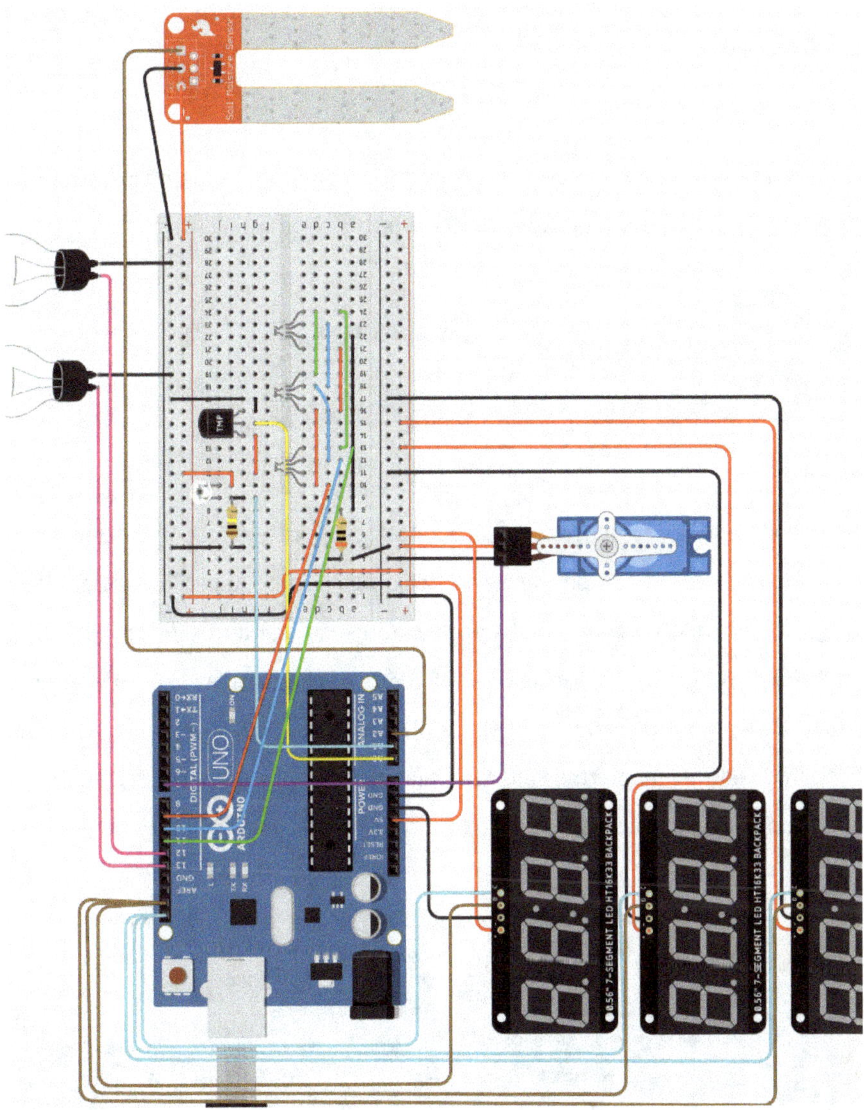

Perfetto! Ora abbiamo collegato con successo tutti i componenti e possiamo iniziare a programmare! Andiamo!

6.3 Sviluppo del codice del programma

In questo capitolo affronteremo passo dopo passo la programmazione necessaria. La programmazione sarà un po' più breve e semplice rispetto al progetto precedente.

Passo 1:

Nella prima fase iniziamo - come di consueto - con il blocco del titolo opzionale (che si trova nella categoria "Notation") e il testo "plant monitoring".

Passo 2:

Nel secondo passo, aggiungiamo il blocco "on start", che esegue una determinata riga di codice solo una volta all'avvio del programma. Quale codice dobbiamo eseguire una sola volta in questo progetto? Pensa agli altri due progetti! Non abbiamo display **LCD**, ma dobbiamo configurare anche i display **LED** a 7 segmenti. Lo facciamo con il comando "configure display LED..." della categoria "Output". Possiamo vedere il numero e l'indirizzo cliccando sul rispettivo display. Nel menu delle impostazioni che si apre, puoi anche cambiare il colore della luce.

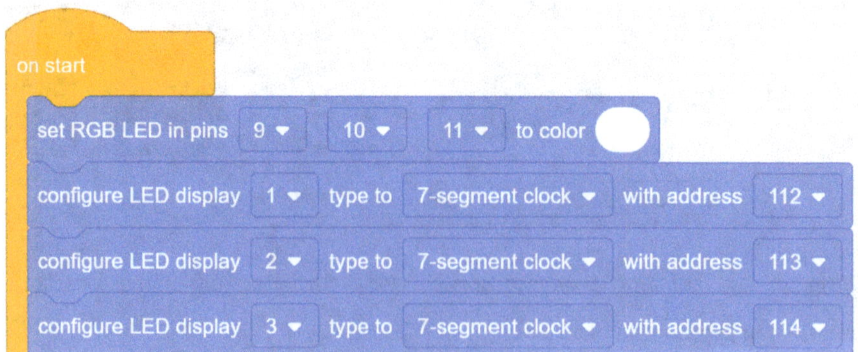

Impostiamo anche la variabile "timeCounter", che ci servirà in seguito per i LED RGB, al valore iniziale 0.

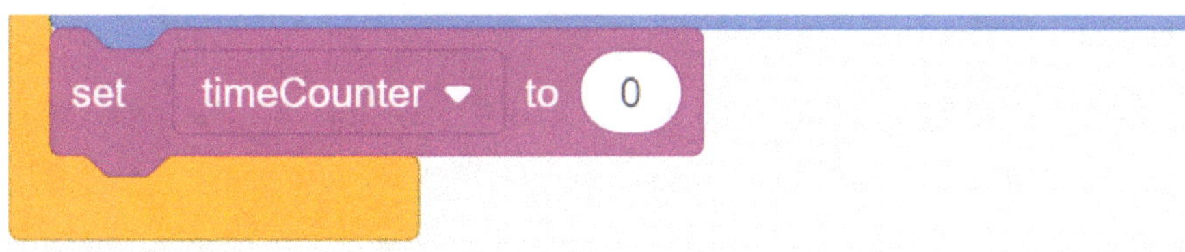

Per poterlo fare, dobbiamo ovviamente creare la variabile nella categoria "Variables" cliccando su "Create variable ...". Creiamo contemporaneamente anche tutte le altre variabili necessarie. In questo progetto abbiamo ancora bisogno delle variabili "light" per la luce ambientale, "soil" per l'umidità del suolo e "temp" per la temperatura ambientale.

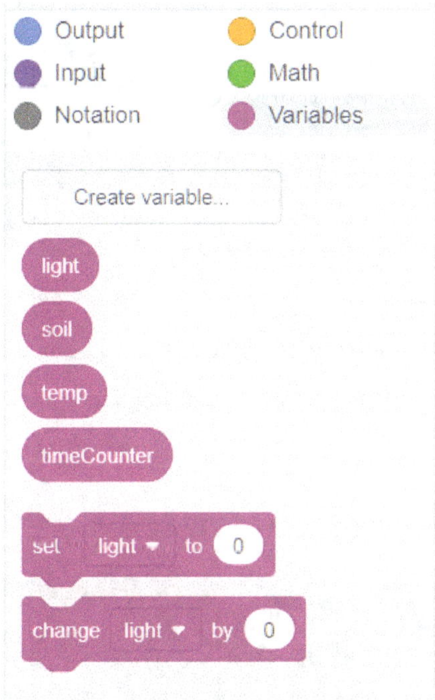

Il comando "on start" è terminato e le variabili sono state create. Ora possiamo passare alla fase successiva.

Passo 3:

In questo passaggio iniziamo con il codice del blocco "forever". Per prima cosa vogliamo leggere i valori dei sensori e visualizzarli sui display LED. Per farlo, leggiamo prima i valori dei sensori, li scaliamo ciascuno con un fattore per una migliore visualizzazione e poi assegniamo il valore alla rispettiva variabile.

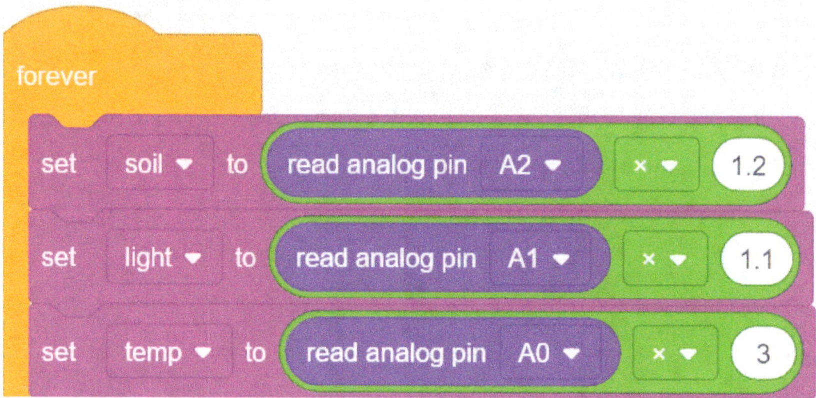

Per visualizzare i valori in percentuale tra 0 e 100 sul display, utilizziamo da un lato la già nota funzione "map ()" (per convertire i valori del sensore) e dall'altro la funzione "constrain ()" per limitare il valore della temperatura a un intervallo compreso tra 0 e 100. La documentazione dettagliata della funzione "constrain ()" è disponibile qui:

https://www.arduino.cc/reference/en/language/functions/math/constrain/

Con "print to LED display ..." possiamo visualizzare il valore del sensore convertito in un intervallo da 0 a 100 sul rispettivo display.

Passo 4:

Ora ci manca solo il controllo degli attuatori, cioè il controllo del servomotore che deve regolare l'erogazione dell'acqua, il controllo dei LED RGB e il controllo delle lampadine in base alla luce ambientale e alla temperatura ambientale.

In questa fase iniziamo con il controllo dei LED RGB. Vogliamo che i LED si accendano in rosso per 15 secondi non appena fa buio. Per farlo, utilizziamo prima una condizione "if" e implementiamo la seguente istruzione: se il valore della variabile "light" (valore del sensore di luce ambientale) è inferiore al valore 500 (che può anche essere modificato, basta provare), allora dobbiamo aspettare 1 secondo e poi aumentare il valore della variabile "timeCounter" di +1.

I nostri LED RGB devono accendersi per 15 secondi, quindi abbiamo bisogno di una condizione "if-else" che dica quanto segue: se la variabile "TimeCounter" è inferiore a 15 (il valore 15 qui sta per 15 secondi, dato che abbiamo aspettato 1 secondo prima di aumentare Il valore della variabile), allora il LED deve accendersi di rosso, altrimenti il LED deve spegnersi. Prova tu stesso prima di dare un'occhiata alla seguente illustrazione (soluzione)!

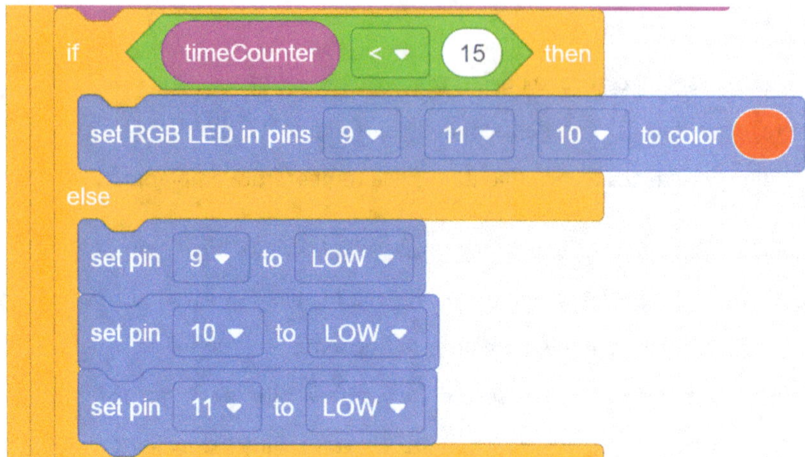

Come puoi vedere, c'è un comando separato per determinare il colore dei LED RGB. Tutto ciò che dobbiamo fare è selezionare i pin di Arduino a cui sono collegati i LED (9, 10, 11) e poi possiamo determinare il colore. Se il LED non si accende, basta impostare i pin di connessione su "LOW" ("off").

Passo 5:

In questa fase continuiamo con il controllo del servomotore, che potrebbe regolare l'alimentazione dell'acqua. A partire da un certo livello di umidità del terreno della pianta (=valore del sensore di umidità del terreno), l'erogazione dell'acqua deve essere aperta o interrotta. Utilizziamo una condizione "if-else" per determinare che il valore del sensore deve essere inferiore o superiore a 500 (a scelta) in modo da attivare o disattivare l'erogazione dell'acqua.

Come possiamo vedere, in questo codice di programma abbiamo assunto che l'alimentazione dell'acqua sia aperta quando il servomotore si trova nella posizione di 0 gradi. L'alimentazione dell'acqua viene chiusa quando il servomotore si sposta nella posizione di 90 gradi. Questo avviene quando l'umidità del terreno è sufficiente (il valore del sensore memorizzato in "soil" è superiore a 500). Avremmo potuto scrivere questo codice in modo diverso. Sai come fare? Ad esempio, avremmo potuto scrivere che l'alimentazione dell'acqua deve aprirsi (in posizione di 0 gradi o anche di 90 gradi; a seconda di quando l'alimentazione dell'acqua è aperta) quando il valore di "soil" è inferiore a 500 (cioè il terriccio è troppo secco). Questo comporta la stessa azione.

Passo 6:

In modo quasi identico al passo 5, procediamo anche in questo passo per il controllo delle due lampadine in base alla temperatura ambientale. Puoi provare prima da solo, è il modo migliore per imparare! Fai una breve pausa e poi guarda la soluzione.

Vogliamo che le lampadine (il nostro riscaldatore temporaneo) si accendano quando fa troppo freddo (valore di temperatura inferiore a 15° C). A questo scopo utilizziamo una condizione if-else. L'equazione per il valore della temperatura è: $Temp\_C$ = (valore del sensore - 104) * 165/338. All'inizio abbiamo anche moltiplicato la nostra variabile "temp" per un fattore 3, quindi dobbiamo tenerne conto anche qui. Quindi, per trovare il valore che dobbiamo dare per 15 °C nella nostra condizione, dobbiamo calcolare come segue: temp = (($Temp\_C$ * 338/165) + 104) *3. Quindi: temp = ((15 °C * 338/165) + 104) * 3 = 404,18. Arrotondiamo il valore a 400, che è il valore che dobbiamo specificare per la variabile "temp" nella condizione "if-else".

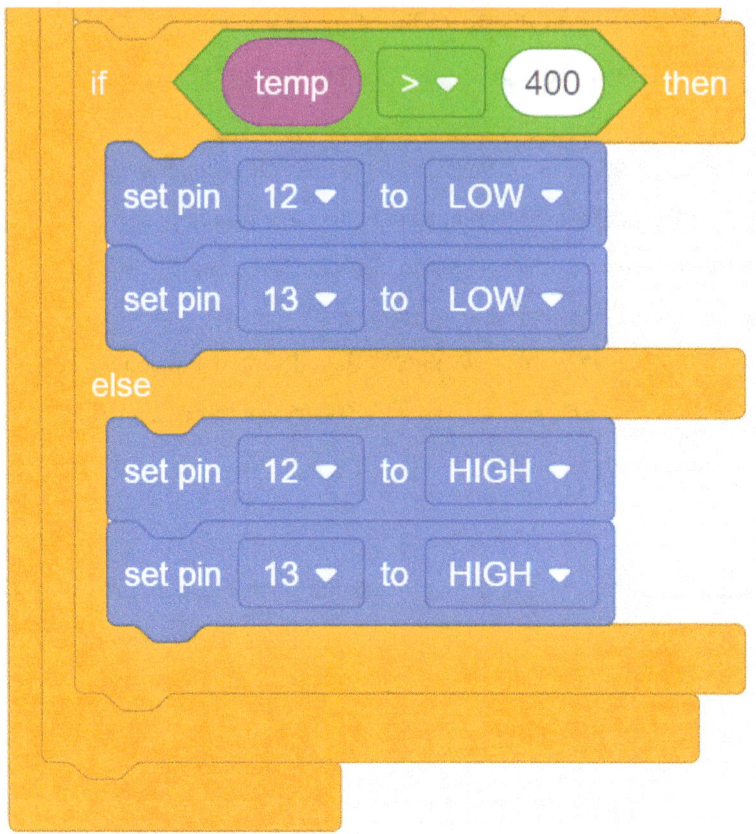

Abbiamo quindi implementato quanto segue: Se la temperatura è superiore a 15 °C (temp > 400), i pin 12 e 13, che controllano il circuito delle due lampadine, devono ricevere il valore "LOW" ("off"). In caso contrario (cioè se la temperatura scende sotto i 15 °C o il valore del sensore è 400), le lampadine devono ricevere corrente in modo da potersi accendere (pin 12 e 13 "HIGH").

Un lavoro superbo! Ora abbiamo finito il codice del programma e possiamo goderci la simulazione. I valori dei sensori possono essere simulati - come di consueto - con l'aiuto di un cursore quando fai clic sul rispettivo sensore. A proposito, i LED si accendono per 15 secondi all'inizio, perché il valore di uscita del sensore è completamente buio a causa del programma. Il servomotore si sposta brevemente a 90° e poi torna indietro per l'inizializzazione.

74

title block comment plant monitoring
on start
configure LED display 1 type to 7-segment clock with address 112
configure LED display 2 type to 7-segment clock with address 113
configure LED display 3 type to 7-segment clock with address 114
set timeCounter to 0
forever
set soil to read analog pin A2 x 1.2
set light to read analog pin A1 x 1.1
set temp to read analog pin A0 x 3
print to LED display 1 constrain map temp to range -5 to 98 to range 0 to 100
print to LED display 2 map light to range 0 to 92
print to LED display 3 map soil to range 0 to 98
if light < 500 then
wait 1 secs
set timeCounter to timeCounter + 1
if timeCounter < 15 then
set RGB LED in pins 9 11 10 to color
else
set pin 9 to LOW
set pin 10 to LOW
set pin 11 to LOW
if soil > 500 then
rotate servo on pin 7 to 90 degrees
else
rotate servo on pin 7 to 0 degrees
if temp > 400 then
set pin 12 to LOW
set pin 13 to LOW
else
set pin 12 to HIGH
set pin 13 to HIGH

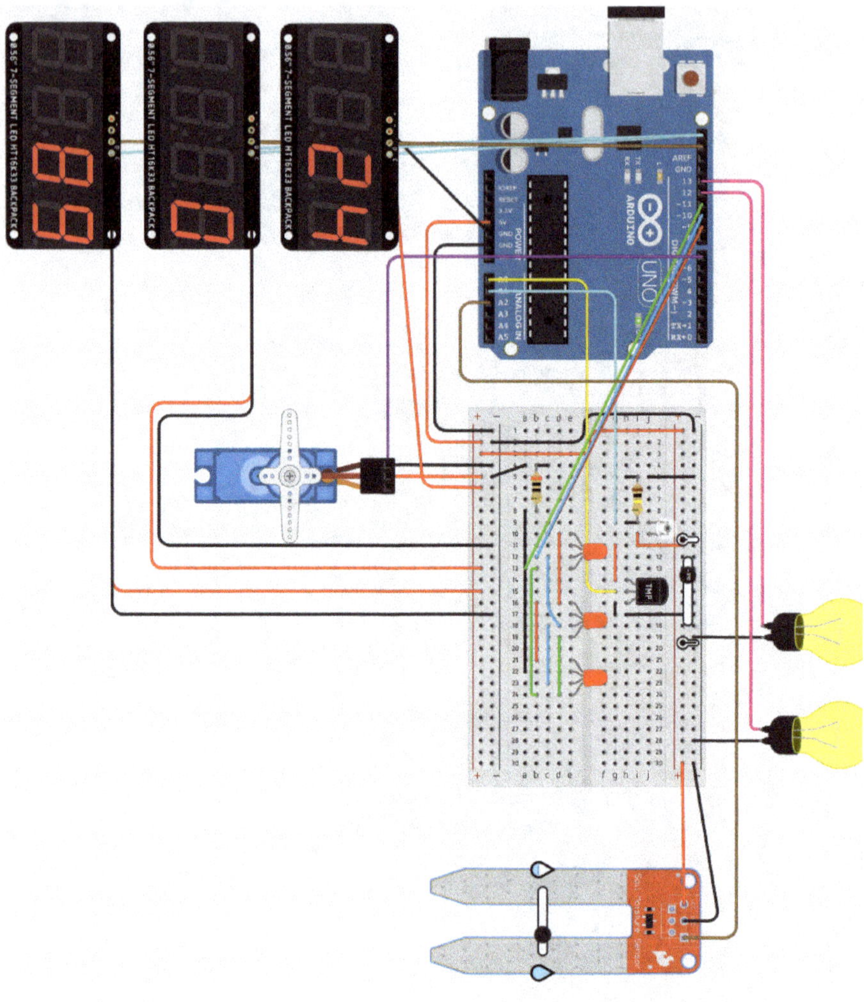

Puoi impostare nuovamente i valori dei sensori cliccando su di essi e utilizzando il cursore.

7 Progetto 4 | Assistenza ai parcheggi e monitoraggio dell'aria nei garage

In questo progetto stiamo lavorando a un ausilio per il parcheggio della nostra auto in garage. Il sistema può essere attaccato al muro del garage, ad esempio, e dovrebbe mostrarci la distanza che abbiamo dal muro con la nostra auto.

In questo progetto utilizziamo un sensore a ultrasuoni per determinare la distanza e un display LCD per mostrare la distanza. La distanza tra il sensore e l'oggetto (ad esempio il paraurti dell'auto) deve essere indicata sul display in "cm". Il processo deve iniziare a una distanza di circa 320 cm (distanza massima che il sensore a ultrasuoni può misurare) e terminare a una distanza di circa 2 cm (distanza minima che il sensore a ultrasuoni può misurare).

Per rendere questo progetto un po' più complicato, monitoreremo anche la porta del garage. Ad esempio, possiamo collegare un sensore di inclinazione alla porta del garage. Quando la porta del garage è chiusa (porta basculante), un LED RGB dovrebbe illuminarsi, ad esempio in giallo. Non appena la porta del garage è completamente chiusa, il LED RGB dovrebbe illuminarsi di verde, ad esempio. Il monitoraggio della chiusura completa potrebbe essere effettuato, ad esempio, da un sensore di forza - nel punto di arresto della porta del garage.

Infine, integreremo nel progetto un sensore di gas per monitorare l'aria del garage. Non appena viene rilevata una quantità significativa di gas, un LED rosso lampeggia e viene emesso un segnale acustico. In questo caso, un servomotore dovrebbe spostarsi anche nella posizione a 90°, per aprire, ad esempio, una finestra per l'immissione di aria fresca tramite un meccanismo. Non appena viene rilevata l'assenza di gas, il processo deve andare al contrario, cioè il motore deve chiudere la finestra portandosi in posizione 0°. Anche il LED e l'audio devono essere spenti.

7.1 Componenti necessari

Link al progetto Tinkercad: https://bit.ly/3aj86Sv

Numero	Designazione
1	Arduino Uno
1	Breadboard (piccola)
1	Sensore a ultrasuoni **Parallasse PING)))** (sensore di distanza a ultrasuoni)
1	Sensore di inclinazione SW 2000 (sensore di inclinazione)
1	Sensore di forza
1	Sensore di gas
1	Servomotore
1	Cicalino piezoelettrico
1	LED RGB
1	LED (rosso)
1	Resistenza da 10 kΩ per il sensore di inclinazione
2	Resistenza da 100 Ω per LED RGB e LED
2	Resistenza da 1 kΩ per il sensore di gas e il sensore di forza
1	Display LCD 16×2 **(basato su I2C e MCP23008)**

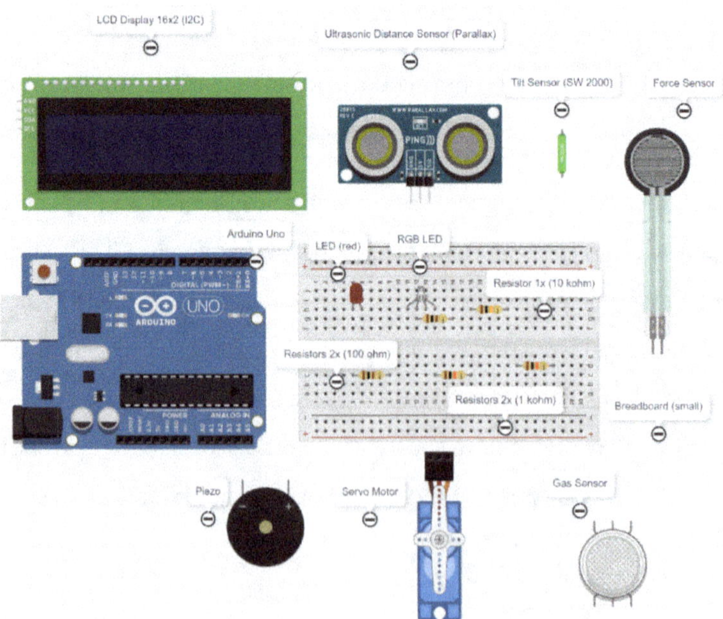

Aggiornamento per il sensore a ultrasuoni "Parallax PING 28015":

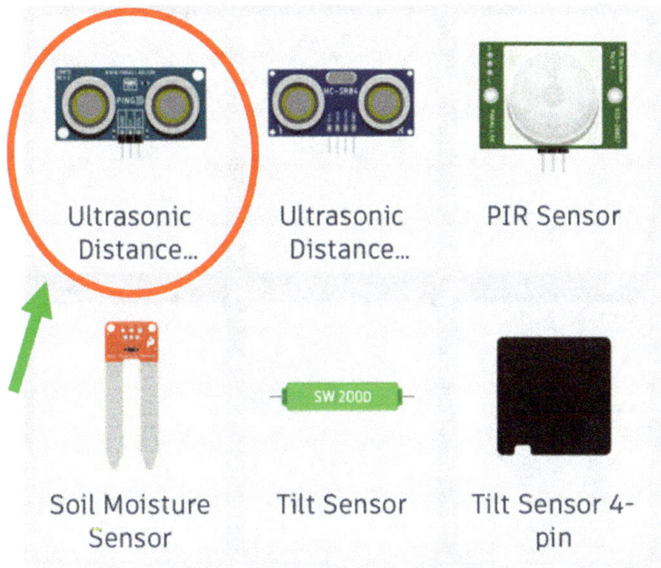

Il sensore "PING 28015" di "Parallax" è un sensore di prossimità a basso costo basato sugli ultrasuoni. Secondo la scheda tecnica del produttore, il campo di rilevamento di questo sensore è compreso tra 2 cm e 300 cm, che può essere considerato un buon campo. Una caratteristica particolare di questo sensore è che può comunicare con un microcontrollore, ad esempio Arduino, utilizzando un solo pin ("SIG"). Da un lato questo rende il collegamento molto semplice, dall'altro aiuta nei progetti complessi a utilizzare il numero limitato di pin di ingresso e uscita con molti altri componenti. Il sensore dispone di due connessioni aggiuntive "GND" e "5V" che, come avrai già capito, sono necessarie per l'alimentazione. La scheda tecnica completa può essere scaricata qui:

https://www.mouser.com/datasheet/2/321/28015-PING-Sensor-Product-Guide-v2.0-461050.pdf

7.2 La progettazione dello schema circuitale

Prima di iniziare a cablare i nostri componenti, diamo un'occhiata alla vista schematica del circuito richiesto.

Schema del circuito:

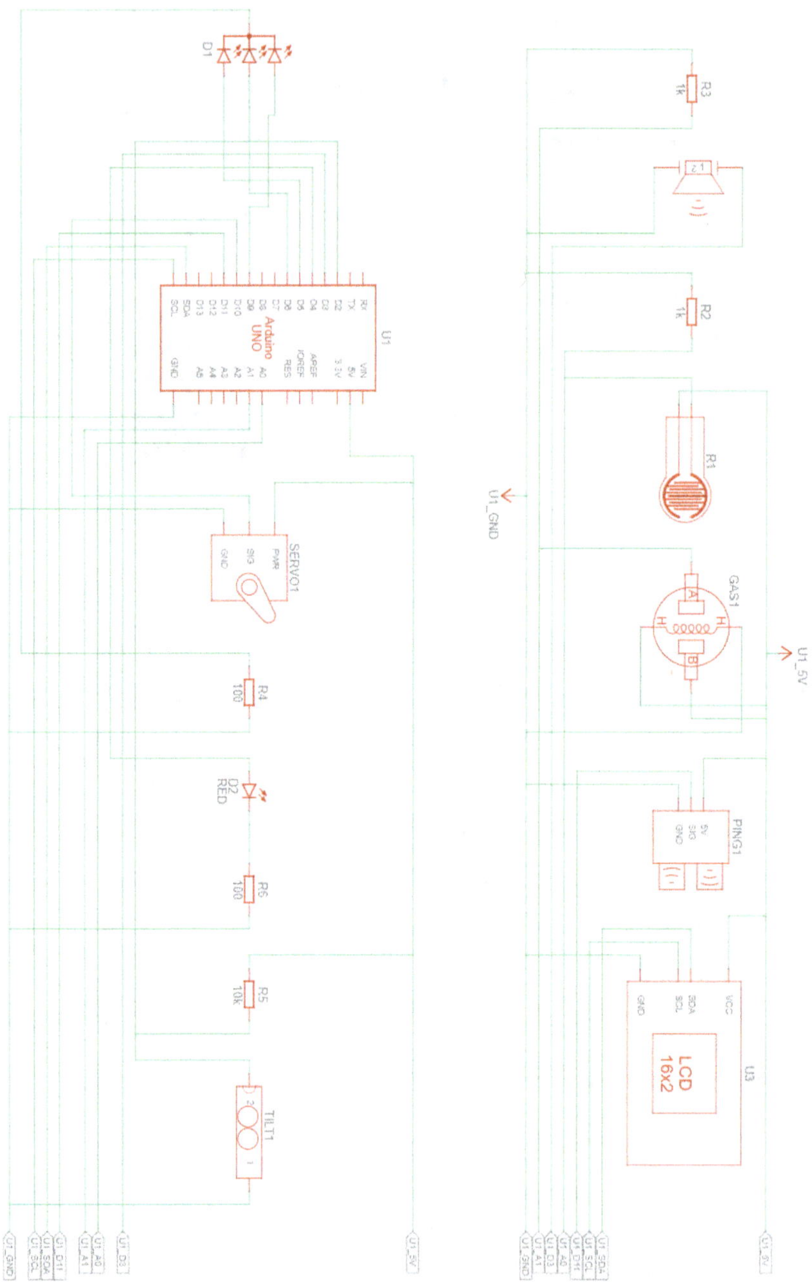

Per il cablaggio, iniziamo come al solito con la breadboard come punto di partenza al centro del circuito e l'Arduino a sinistra.

Equipaggiamo la breadboard con il LED rosso, il LED RGB e le resistenze come mostrato. Poi colleghiamo la breadboard all'alimentazione di Arduino (5V e GND per Arduino e "+" e "-" per la breadboard). Colleghiamo anche le due linee superiori "+" e "-" della breadboard all'alimentazione. Infine, aggiungiamo i fili neri e rossi come mostrato. Questi elementi ci serviranno poi per gli altri componenti.

Poi colleghiamo i pin del LED RGB (blu, verde, rosso) ai pin 5, 6 e 9 di Arduino. Colleghiamo anche l'anodo del LED rosso al pin 4 di Arduino.

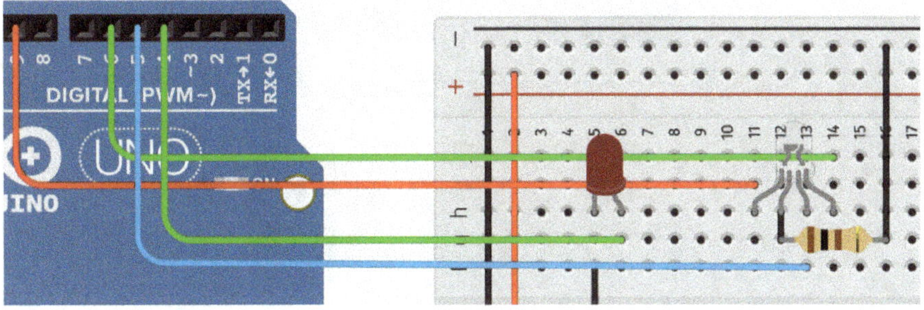

Poi colleghiamo il display LCD. Abbiamo già fatto pratica in questo senso.

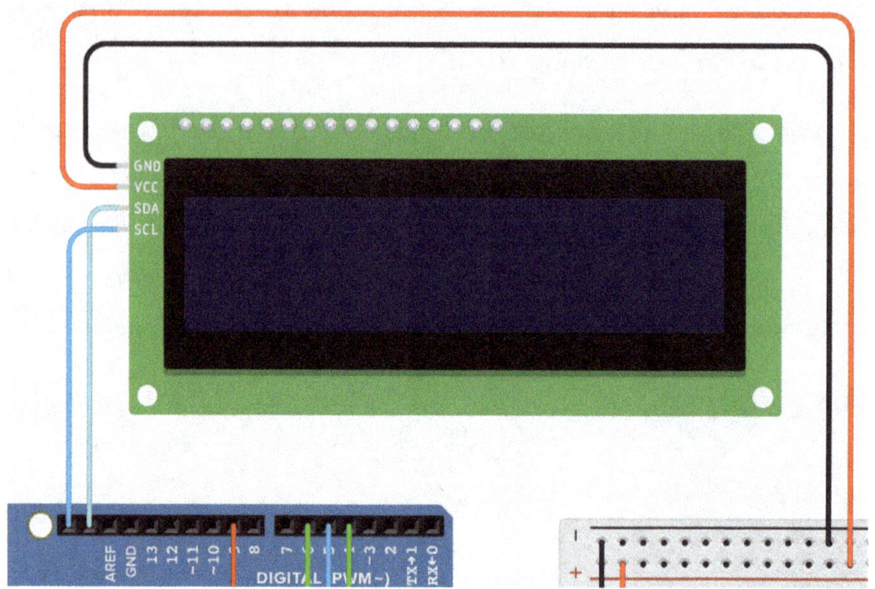

Inoltre, cabliamo il cicalino piezoelettrico utilizzando il pin 3 di Arduino da un lato (filo giallo) e collegando il piezo alla massa ("-") della breadboard dall'altro.

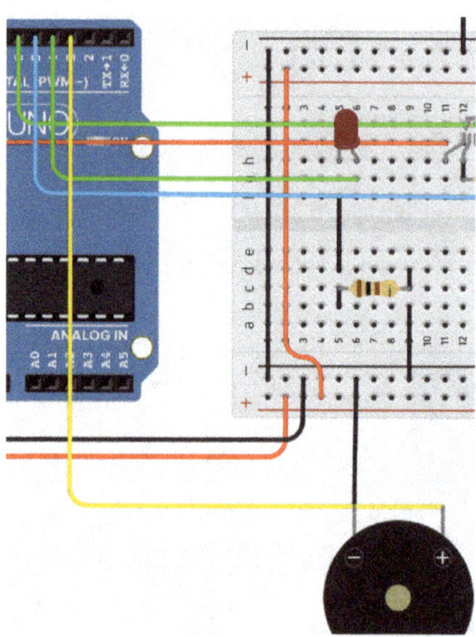

Colleghiamo poi il servomotore alimentandolo e collegando un filo viola dal pin 10 di Arduino alla presa di segnale del servomotore.

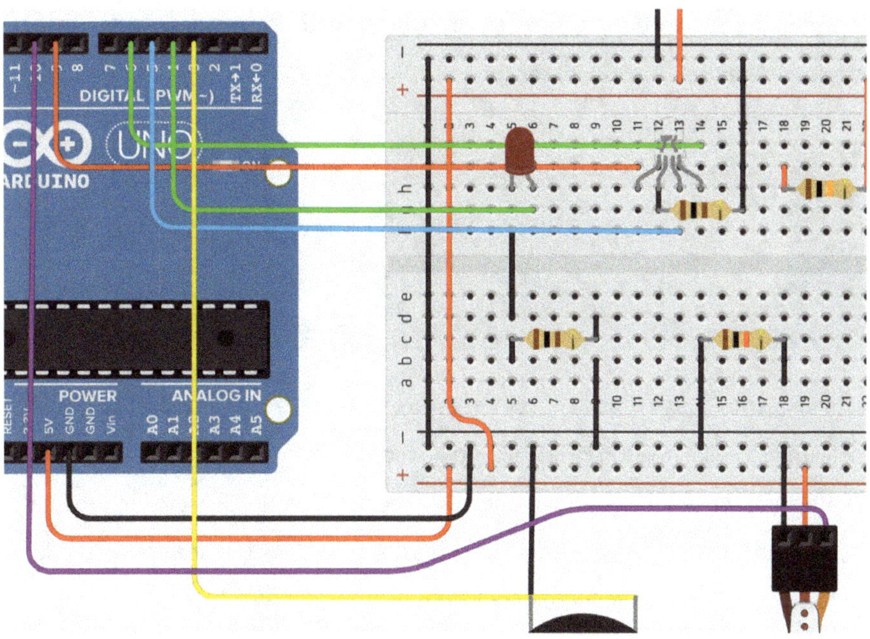

Poi viene il collegamento del sensore a ultrasuoni. Anche qui abbiamo bisogno di un'alimentazione e di una linea dati (arancione) da "SIG" al pin 11 di Arduino.

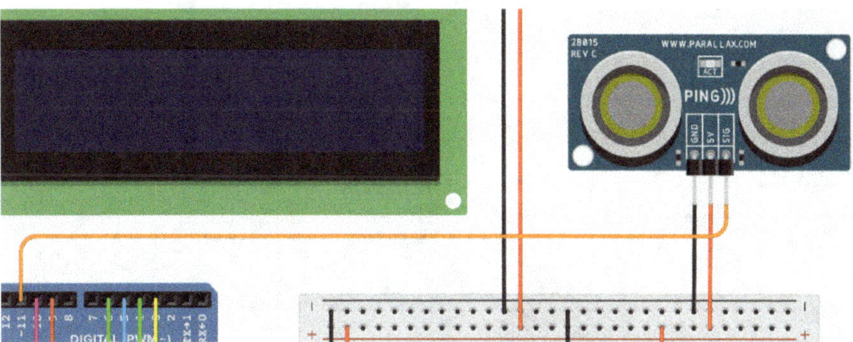

Ora possiamo collegare anche il sensore di inclinazione. Per farlo, colleghiamo una connessione del sensore (quale non importa) alla linea "-" della breadboard. Dividiamo l'altro collegamento con una linea gialla. Da un lato, alimentiamo il sensore tramite una resistenza con la linea "+" della breadboard, dall'altro, colleghiamo una linea dati rosa al pin 2 di Arduino in modo da poter leggere successivamente il valore del sensore.

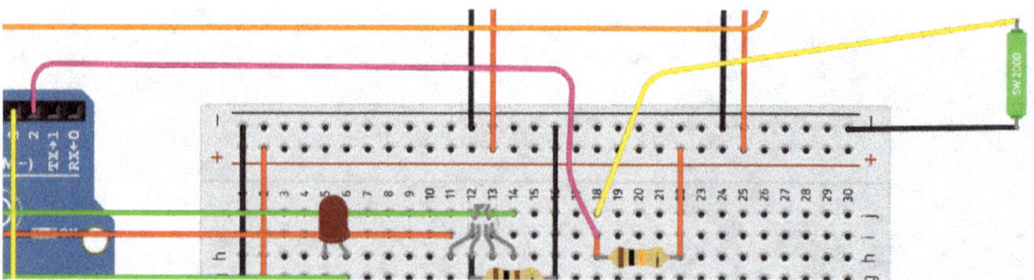

Ora abbiamo ancora bisogno del sensore di forza e del sensore di gas, che colleghiamo all'alimentazione della breadboard come segue (linee rosse e nere). Dobbiamo anche collegare una linea dati da ciascuno dei sensori (azzurro per il sensore di forza e verde per il sensore di gas) ai pin A0 e A1 di Arduino, in modo da poter leggere i loro valori in seguito.

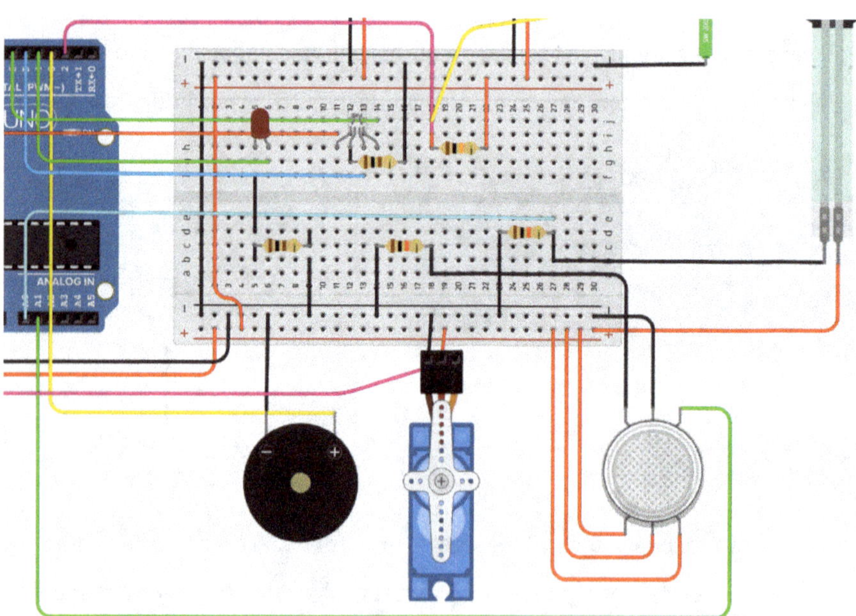

Schema elettrico completo:

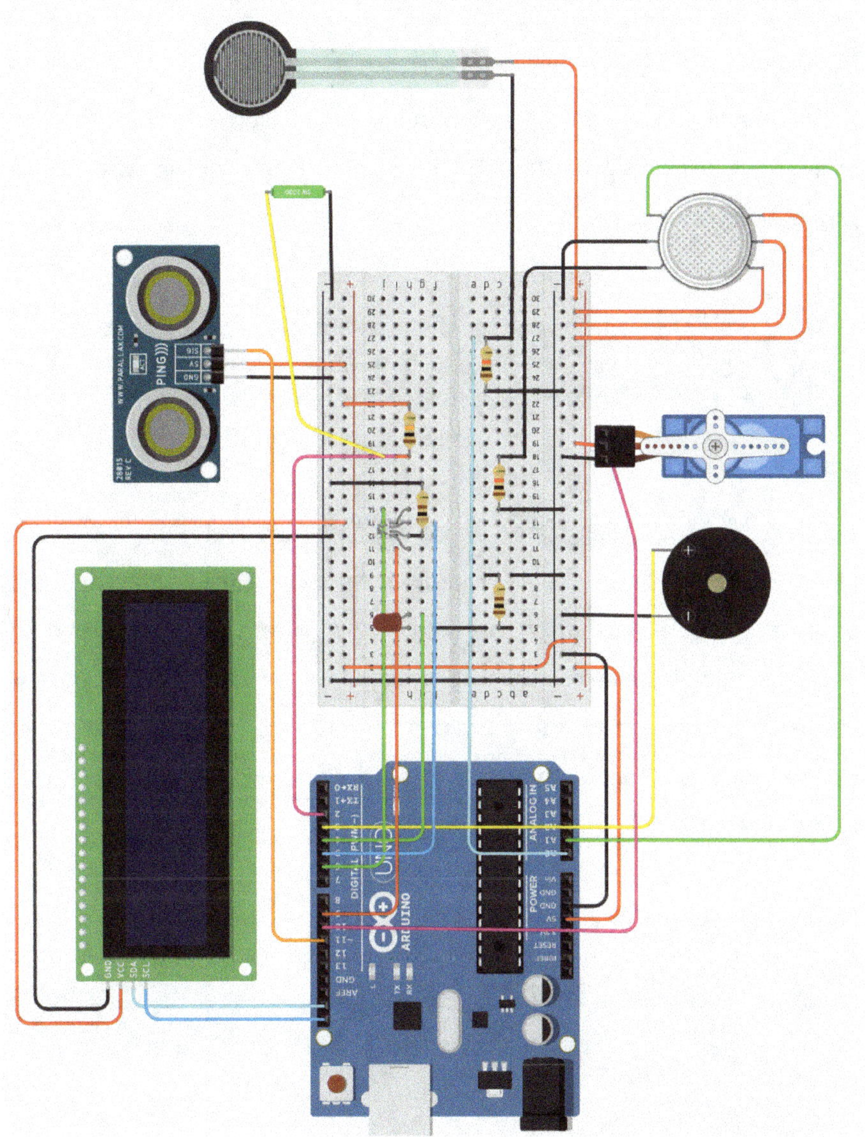

Perfetto! Ora abbiamo collegato con successo tutti i componenti e possiamo iniziare a programmare! Andiamo!

7.3 Sviluppo del codice del programma

In questo capitolo, affronteremo ancora una volta passo dopo passo la programmazione necessaria.

Passo 1:

Nella prima fase iniziamo - come di consueto - con il blocco del titolo opzionale (che si trova nella categoria "Notation") e la descrizione: "parking assistance and garage-air monitoring".

Passo 2:

Nel secondo passo, aggiungiamo il blocco "on start", che esegue una determinata riga di codice solo una volta all'avvio del programma. Quale codice dobbiamo eseguire una sola volta in questo progetto? A questo punto sappiamo che dobbiamo assolutamente configurare il display LCD. Inoltre, all'inizio assegniamo il valore 0 a una delle nostre variabili (che dobbiamo ancora creare). La variabile si chiama "togle" e in seguito sarà responsabile del lampeggiamento del LED rosso (come nel progetto 2).

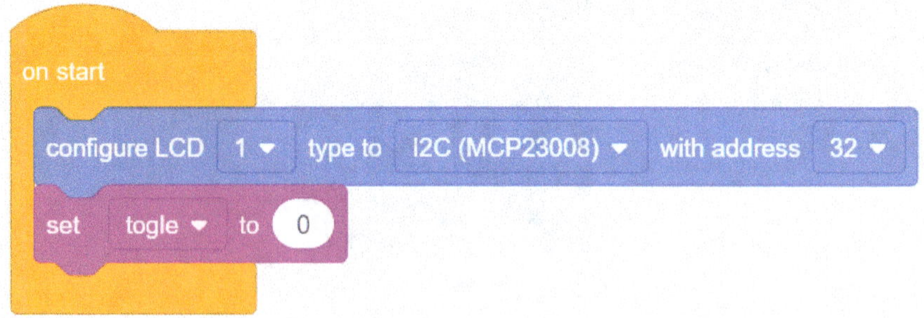

Passo 3:

Ora creiamo anche tutte le altre variabili di cui abbiamo bisogno. Questi sono: "distance" per il sensore di distanza, "tilt" per il sensore di inclinazione, "force" per il sensore di forza e "gas" per il sensore di gas.

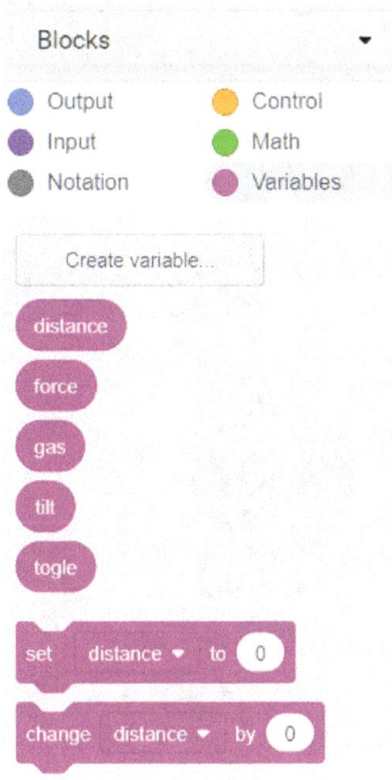

Passo 4:

Ora utilizziamo le variabili create in precedenza per memorizzare i rispettivi valori dei sensori, dopo averli letti. Lo facciamo, come ormai siamo abituati, con? Esattamente, con "set ... to" e "read ...".

C'è una caratteristica particolare da notare con il sensore a ultrasuoni. Il nostro sensore a ultrasuoni ha connessioni per l'alimentazione (5V e GND) e <u>una</u>

connessione per il segnale (SIG). Questo collegamento è chiamato anche "trigger" in altri sensori. Quando questo pin del sensore riceve un segnale, il sensore a ultrasuoni emette un'onda ultrasonica. Con altri sensori, invece, c'è un pin aggiuntivo chiamato "Echo" in cui è presente un segnale non appena il segnale ultrasonico riflesso dall'oggetto viene nuovamente ricevuto dal sensore. Questo è il caso, ad esempio, del sensore a ultrasuoni "HC-SR04":

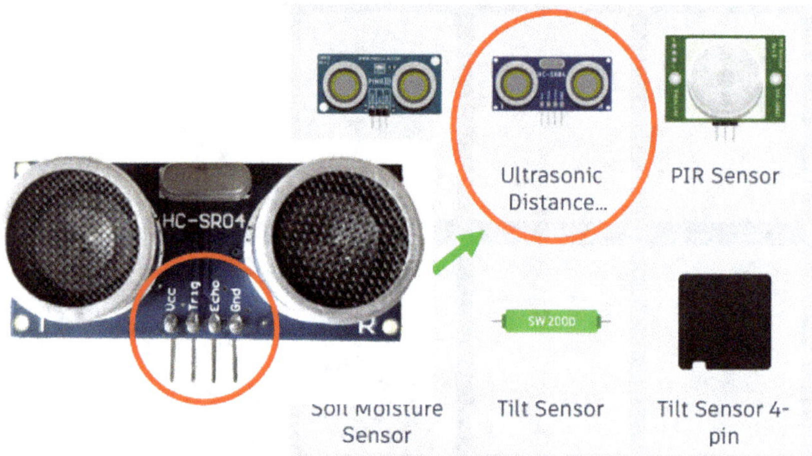

Nel nostro caso, però, il sensore ha un solo pin (SIG) per queste due funzioni, quindi impostiamo il pin di trigger a 11 (connessione su Arduino) e il "echo pin" a "same as trigger". Specifichiamo anche l'unità di misura in cui deve essere emesso il valore misurato (cm).

Gli altri sensori vengono letti normalmente con "read digital ..." o "read analog ..." ai loro pin di connessione (2, A0, A1) e i valori misurati vengono poi memorizzati nella rispettiva variabile con "set ...".

Passo 5:

Poiché vogliamo visualizzare il valore misurato dal sensore a ultrasuoni sul display LCD, in questo passaggio creeremo la programmazione per questo. Pensa se sei già in grado di farlo da solo. È relativamente semplice: usiamo gli stessi comandi che usiamo sempre quando vogliamo mostrare qualcosa su un display. Display: "Distance: *Valore* cm

Possiamo realizzarlo nel modo seguente:

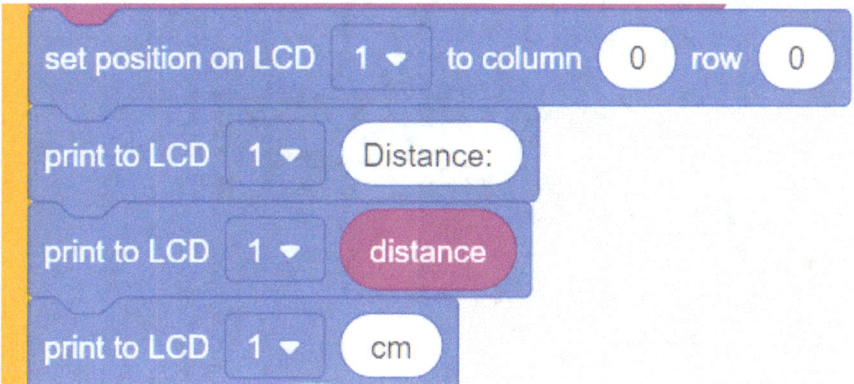

Passo 6:

Successivamente, implementiamo la funzione di avviso (suono piezoelettrico e lampeggiamento del LED rosso) e il meccanismo di apertura della finestra (servomotore). Puoi anche provare a farlo da solo! Impostiamo il valore di soglia per l'attivazione a 110 (sensore di gas), ad esempio. Puoi anche programmare il processo di lampeggiamento del LED allo stesso tempo, come avevamo già fatto nel progetto 2.

Aiuto: Per prima cosa utilizza una condizione if-else (se "gas" > valore, allora azione ... altrimenti azione al contrario) e in questa prima condizione if-else utilizza un'altra condizione if-else nidificata per il lampeggiamento. Usa la variabile "togle" e i due valori "0" o "1" per il processo di lampeggiamento.

Soluzione:

if gas > 110 then
set pin 3 to HIGH
rotate servo on pin 10 to 90 degrees
if togle = 1 then
set pin 4 to HIGH
set togle to 0
wait 300 milliseconds
else
set pin 4 to LOW
set togle to 1
wait 300 milliseconds
else
set pin 3 to LOW
set pin 4 to LOW
rotate servo on pin 10 to 0 degrees

Può darsi che la tua soluzione appaia un po' diversa dal punto di vista strutturale, purché il contenuto sia identico e la funzione sia garantita, la soluzione può anche apparire diversa, non c'è un solo modo. Prova la tua soluzione e vedi se funziona.

Passo 7:

Mancano ancora le azioni per il sensore di forza e il sensore di inclinazione. In questa fase ci occuperemo innanzitutto del sensore di forza. Se la forza è superiore al valore di soglia di 70, il LED RGB si accende di verde perché la porta del garage è chiusa. Possiamo realizzarlo in modo molto semplice come segue:

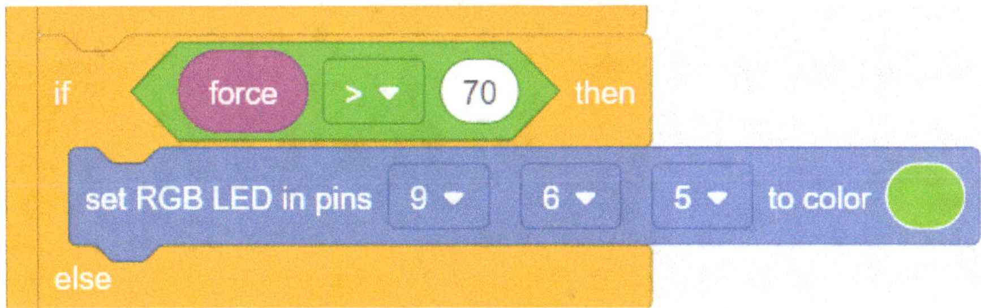

Passo 8:

In quest'ultima fase, implementiamo anche il sensore di inclinazione. Il LED RGB dovrebbe illuminarsi di giallo non appena la porta del garage si inclina, altrimenti il LED RGB dovrebbe illuminarsi di bianco. Il sensore di inclinazione fornisce il segnale digitale "ON" ("1") quando si trova in posizione orizzontale (nessuna inclinazione). Non appena il sensore di inclinazione viene tenuto in un angolo (>10 gradi; inclinazione), una piccola sfera all'interno rotola verso l'altra estremità. Questo interrompe il circuito e il sensore fornisce il segnale "OFF" ("0"). In pratica il sensore è solo un interruttore sensibile all'inclinazione.

Dobbiamo quindi creare un codice di programma che faccia illuminare l'RGB di giallo quando il sensore fornisce il valore "0" (utilizzare la variabile "tilt"). Altrimenti, l'RGB dovrebbe illuminarsi di bianco. Provalo! La soluzione segue a breve.

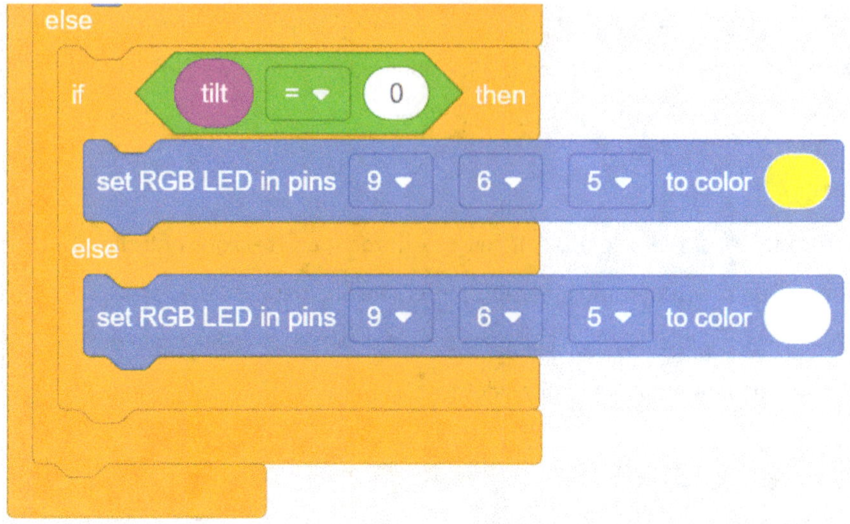

Perfetto! Ora abbiamo completato con successo anche questo progetto e possiamo iniziare la simulazione in Tinkercad.

Dopodiché continueremo con il nostro ultimo progetto! Presto ce la faremo. A questo punto probabilmente sarai in grado di realizzare da solo qualche altro progetto che volevi fare da tempo.

```
title block comment ( parking assistance and garage-air monitoring )

on start
    configure LCD 1 ▾ type to I2C (MCP23008) ▾ with address 32 ▾
    set togle ▾ to 0

forever
    set distance ▾ to read ultrasonic distance sensor on trigger pin 11 ▾ echo pin same as trigger ▾ in units cm ▾
    set tilt ▾ to read digital pin 2 ▾
    set force ▾ to read analog pin A0 ▾
    set gas ▾ to read analog pin A1 ▾
    set position on LCD 1 ▾ to column 0 row 0
    print to LCD 1 ▾ ( Distance: )
    print to LCD 1 ▾ ( distance )
    print to LCD 1 ▾ ( cm )
    if gas > ▾ 110 then
        set pin 3 ▾ to HIGH ▾
        rotate servo on pin 10 ▾ to 90 degrees
        if togle = ▾ 1 then
            set pin 4 ▾ to HIGH ▾
            set togle ▾ to 0
            wait 300 milliseconds ▾
        else
            set pin 4 ▾ to LOW ▾
            set togle ▾ to 1
            wait 300 milliseconds ▾
    else
        set pin 3 ▾ to LOW ▾
        set pin 4 ▾ to LOW ▾
        rotate servo on pin 10 ▾ to 0 degrees
    if force > ▾ 70 then
        set RGB LED in pins 9 ▾ 6 ▾ 5 ▾ to color ●(green)
    else
        if tilt = ▾ 0 then
            set RGB LED in pins 9 ▾ 6 ▾ 5 ▾ to color ●(yellow)
        else
            set RGB LED in pins 9 ▾ 6 ▾ 5 ▾ to color ○(white)

title block comment ( parking assistance and garage-air monitoring )
```

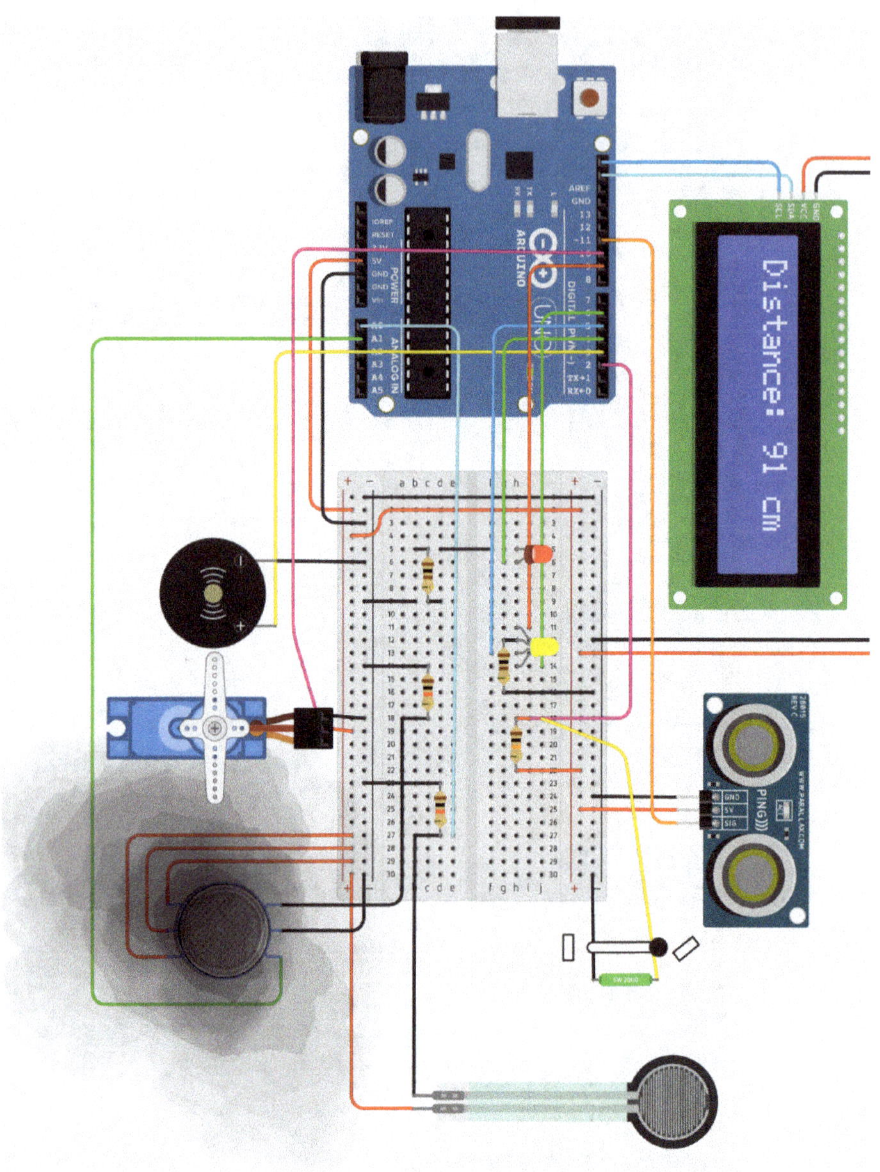

In questo progetto, abbiamo visualizzato la distanza in "cm" sul display LCD. Puoi anche visualizzare la distanza con un anello NeoPixel (24 LED).

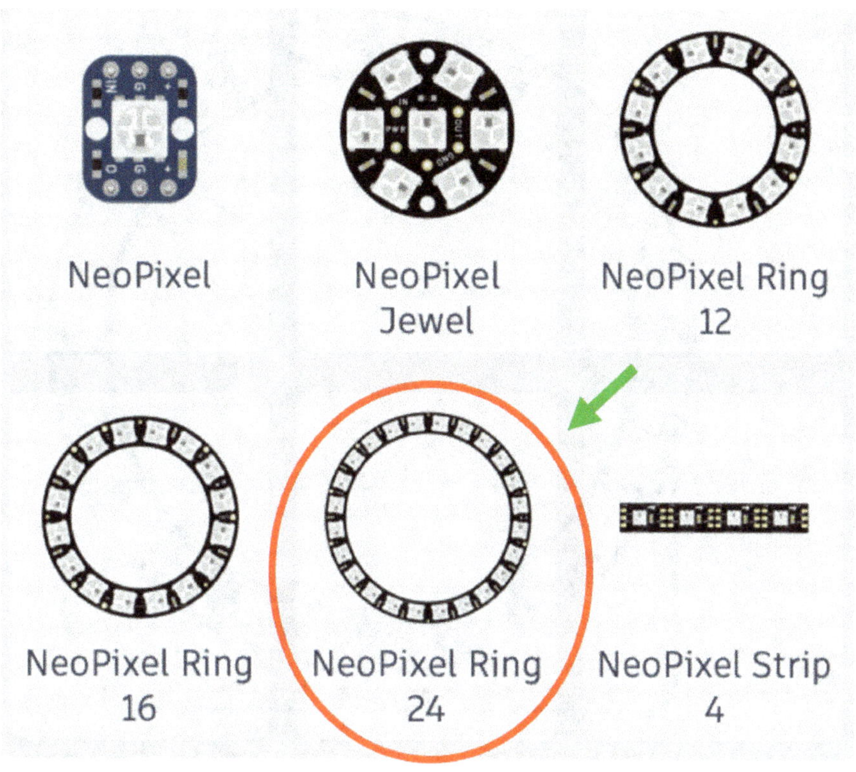

Ad esempio, vogliamo che tutti i LED dell'anello si accendano non appena siamo molto vicini alla parete del garage con l'auto. Più siamo lontani, meno LED dell'anello si accenderanno. Se siamo molto lontani, non dovrebbe accendersi alcun LED.

Il progetto Tinkercad con Neopixel LED è disponibile qui: https://bit.ly/3P8RBaC

Dobbiamo apportare le seguenti due modifiche allo schema elettrico del progetto originale:

1. Eliminiamo il display LCD e il suo cablaggio

2. Cabliamo l'anello LED NeoPixel (24) come segue (rosso, nero, verde):

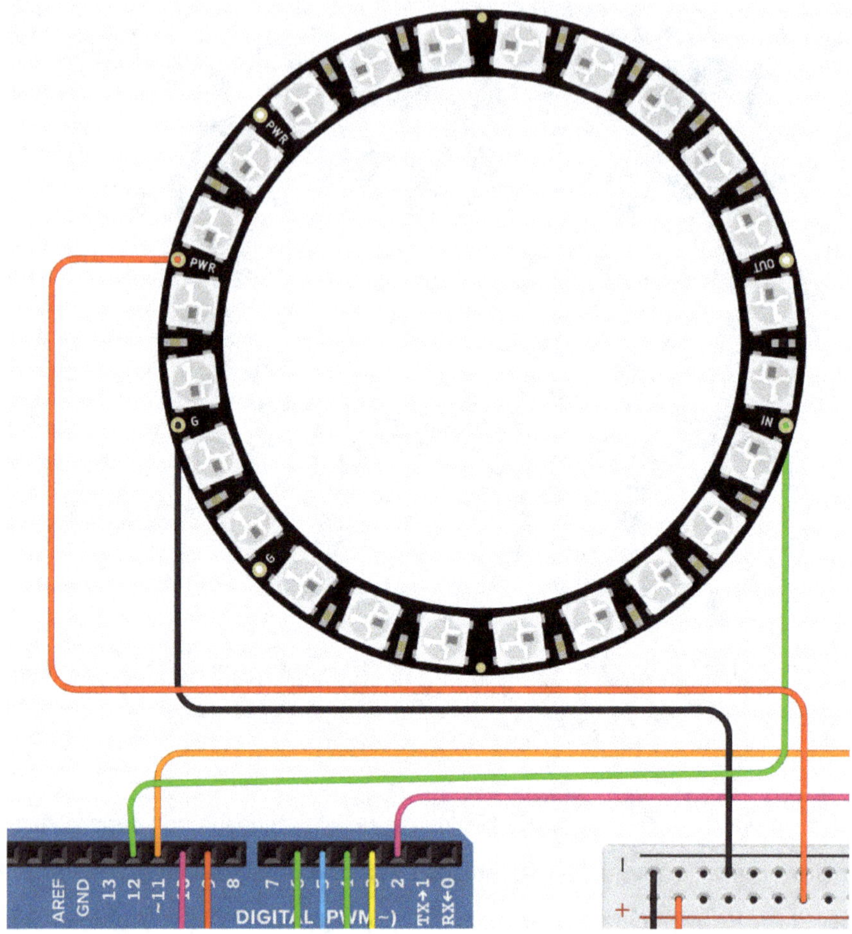

Per la programmazione, invece, dobbiamo lavorare ancora con il codice di testo per l'anello NeoPixel, poiché non è disponibile alcun blocco per questo componente. Puoi tornare alla visualizzazione "Block + Text" di Tinkercad per il progetto originale e in questo modo confrontare il codice con il seguente codice testuale.

Il codice del programma è:

```
#include <Adafruit_NeoPixel.h>
```

```
#include <Servo.h>
```

```cpp
int distance = 0;

int telt = 0;

int force = 0;

int gas = 0;

int togle = 0;

#define PIN 12


Servo servo_10;

Adafruit_NeoPixel strip = Adafruit_NeoPixel(24, PIN, NEO_GRB + NEO_KHZ800);


long readUltrasonicDistance(int triggerPin, int echoPin)

{

  pinMode(triggerPin, OUTPUT);  // Clear the trigger

  digitalWrite(triggerPin, LOW);

  delayMicroseconds(2);

  // Sets the trigger pin to HIGH state for 10 microseconds

  digitalWrite(triggerPin, HIGH);

  delayMicroseconds(10);

  digitalWrite(triggerPin, LOW);

  pinMode(echoPin, INPUT);

  // Reads the echo pin, and returns the sound wave travel time in microseconds

  return pulseIn(echoPin, HIGH);

}
```

```
void setup()

{

 pinMode(2, INPUT);

 pinMode(A0, INPUT);

 pinMode(A1, INPUT);

 pinMode(9, OUTPUT);

 pinMode(6, OUTPUT);

 pinMode(5, OUTPUT);

 pinMode(3, OUTPUT);

 servo_10.attach(10, 500, 2500);

 strip.begin();

 pinMode(4, OUTPUT);

Serial.begin(9600);

 togle = 0;

}


void loop()

{

 distance = 0.01723 * readUltrasonicDistance(11, 11);

 telt = digitalRead(2);

 force = analogRead(A0);

 gas = analogRead(A1);

 Serial.println(distance);
```

```
    LedStrip();

    if (gas > 110) {

      digitalWrite(3, HIGH);

      servo_10.write(90);

      if (togle == 1) {

        digitalWrite(4, HIGH);

        togle = 0;

        delay(300); // Wait for 300 millisecond(s)

      } else {

        digitalWrite(4, LOW);

        togle = 1;

        delay(300); // Wait for 300 millisecond(s)

      }

    } else {

      digitalWrite(3, LOW);

      digitalWrite(4, LOW);

      servo_10.write(0);

    }

    if (force > 70) {

      analogWrite(9, 51);

      analogWrite(6, 255);

      analogWrite(5, 51);

    } else {

      if (telt == 0) {
```

```cpp
    analogWrite(9, 255);

    analogWrite(6, 255);

    analogWrite(5, 0);

  } else {

    analogWrite(9, 255);

    analogWrite(6, 255);

    analogWrite(5, 255);

  }

 }

}

void LedStrip()

{

 int level = map(distance, 20, 300, 24, 0);

 for(byte i=0; i<level; i++)

 {

  strip.setPixelColor(i, 0, 0, 255);

 }

 for(byte i=level; i<24; i++)

 {

  strip.setPixelColor(i, 0, 0, 0);

 }
 strip.show();

}
```

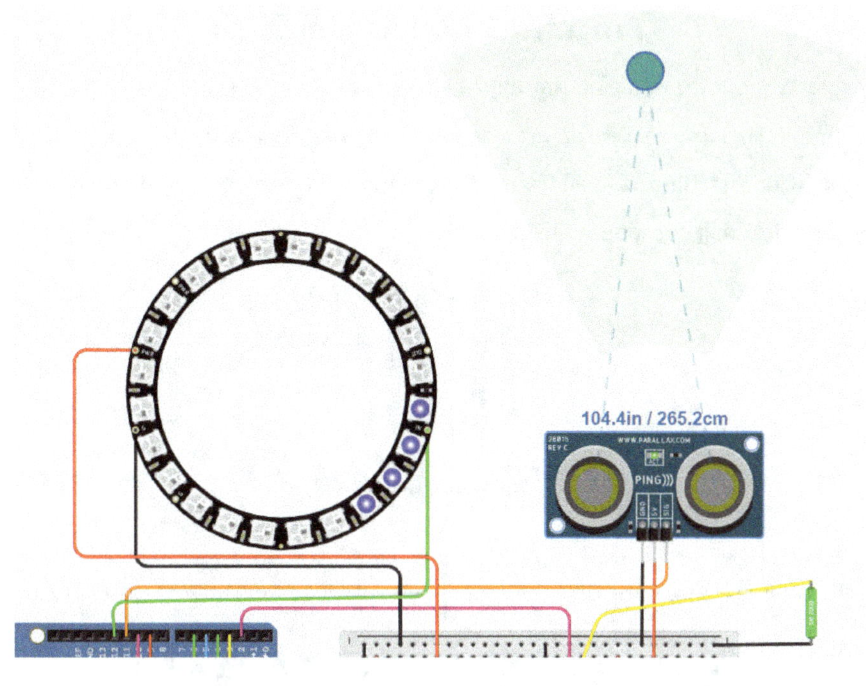

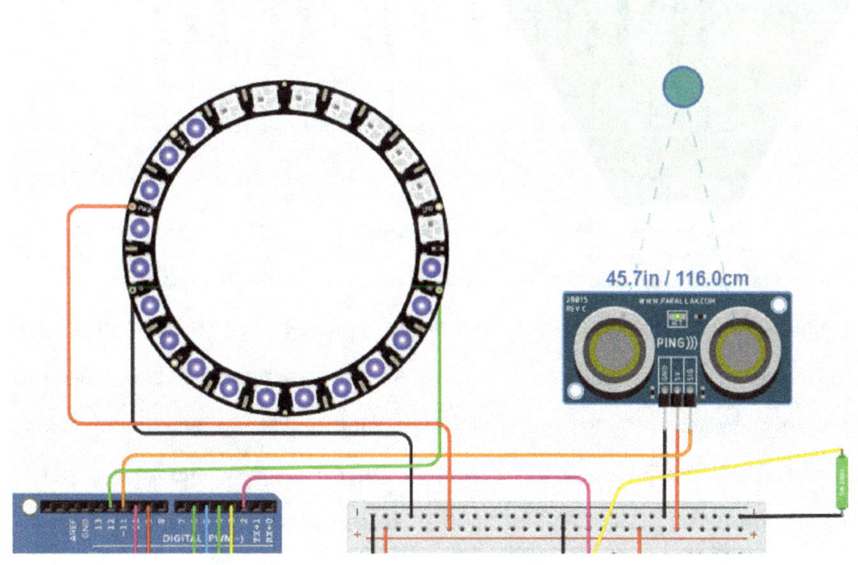

8 Progetto 5 | Mini Pianoforte

In questo progetto vogliamo riprodurre alcuni tasti di una tastiera di pianoforte. A tal fine, utilizziamo sei sensori di forza per rappresentare i tasti C4, D4, E4, F4, G4 e A4 di una tastiera di pianoforte. Utilizziamo anche sei buzzer piezoelettrici, ognuno dei quali è responsabile di uno dei tasti.

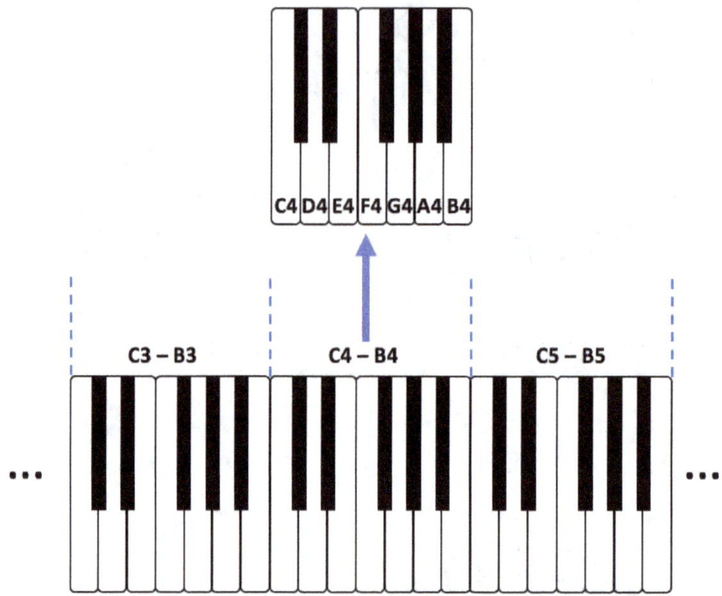

A seconda del tasto premuto, verrà prodotto il suono corrispondente. Questo dovrebbe funzionare anche se vengono premuti più tasti contemporaneamente. Ecco perché in questo progetto utilizziamo un buzzer piezoelettrico per ogni tasto. Per ogni tono, dobbiamo controllare il buzzer piezoelettrico corrispondente con una frequenza diversa. Ad esempio, il tono A4, noto anche come tono di accordo o tono di camera, ha una frequenza di 440 Hz, mentre il tono C4 ha una frequenza di circa 262 Hz. Nella tabella seguente, le frequenze sono assegnate ai rispettivi toni. Nella programmazione a blocchi in Tinkercad abbiamo bisogno anche di un determinato codice per il rispettivo tono. Anche questi sono elencati nella tabella. Nella programmazione basata sul testo, tra l'altro, potremmo semplicemente utilizzare la normale frequenza.

Suono	Frequenza [Hz]	Codice Tinkercad
C4	262	48
D4	294	50
E4	330	52
F4	349	53
G4	392	55
A4	440	57

Quando si preme un "pulsante" (cioè il sensore di forza misura una forza), anche il LED corrispondente al pulsante deve accendersi e rimanere acceso finché il pulsante non viene rilasciato.

8.1 Componenti necessari

Link al progetto Tinkercad: https://bit.ly/3apcY8D

Numero	Designazione
1	Arduino Uno
1	Breadboard (piccola)
6	Cicalino piezoelettrico
6	Sensore di forza (force sensor)
6	LED (blu)
6	Resistenza da 1 kΩ per i sensori di forza
6	Resistenza da 1 kΩ per i LED

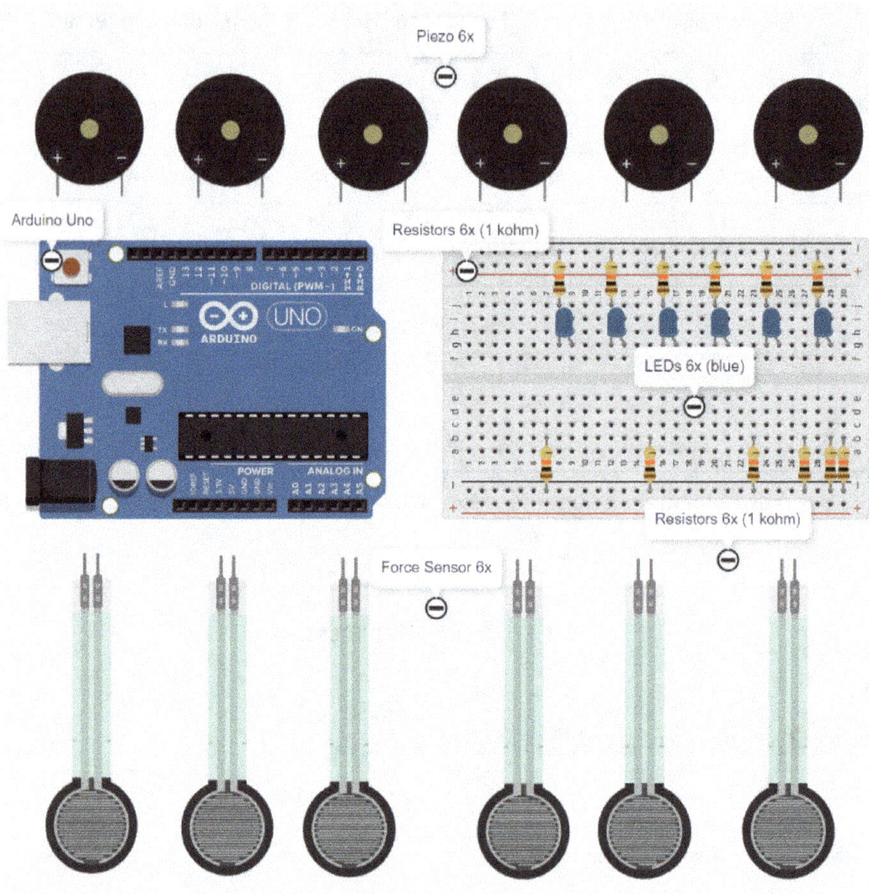

8.2 La progettazione dello schema circuitale

Prima di iniziare a cablare i nostri componenti, diamo un'occhiata alla vista schematica del circuito richiesto.

Schema del circuito:

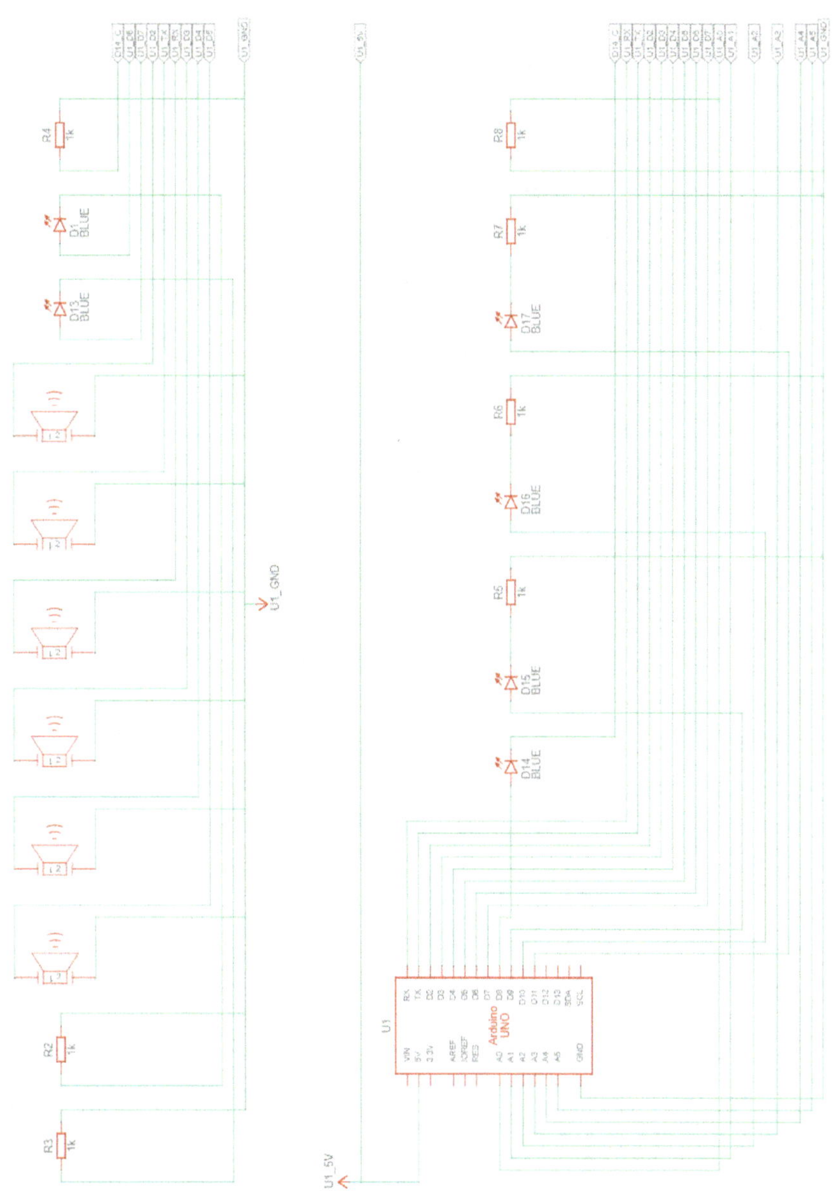

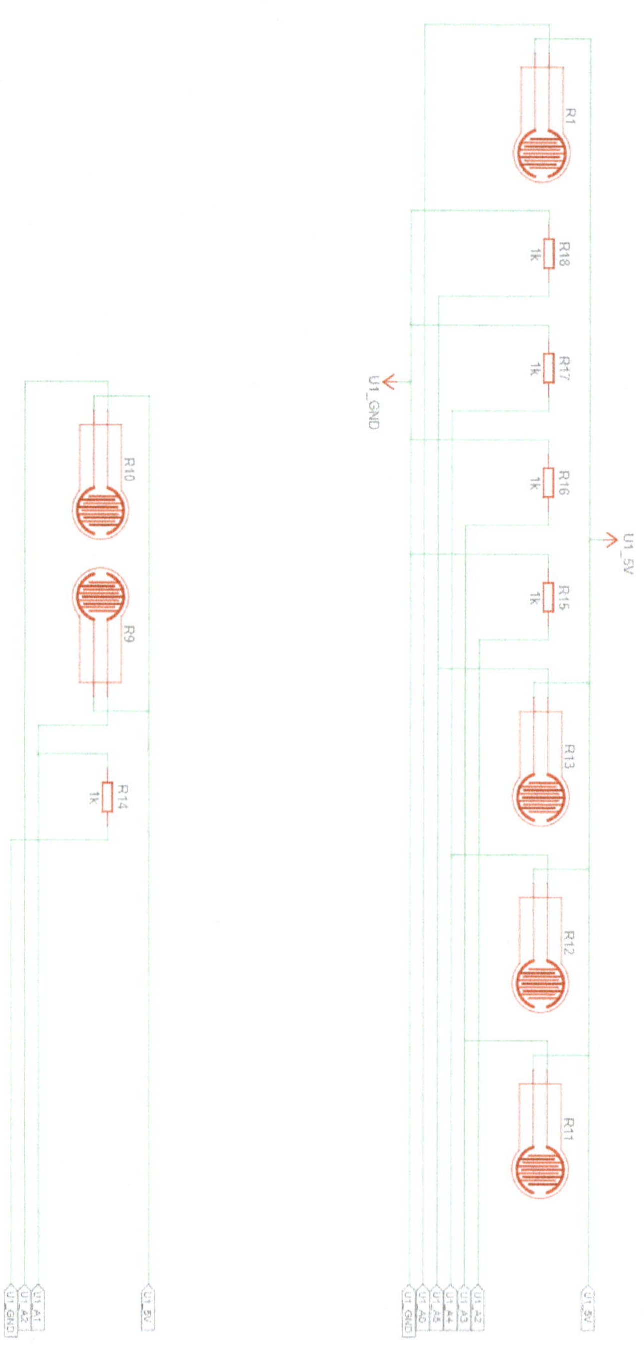

Iniziamo il cablaggio come di consueto con la breadboard come punto di partenza al centro del circuito e l'Arduino a sinistra. Equipaggiamo la nostra breadboard con i LED e le resistenze come mostrato. Alimentiamo la breadboard anche tramite Arduino ("GND" e "5V"). Inoltre, come di consueto, colleghiamo nuovamente le linee di alimentazione superiore e inferiore della breadboard. Infine, aggiungiamo alcuni fili neri molto corti che verranno utilizzati in seguito per collegare i componenti.

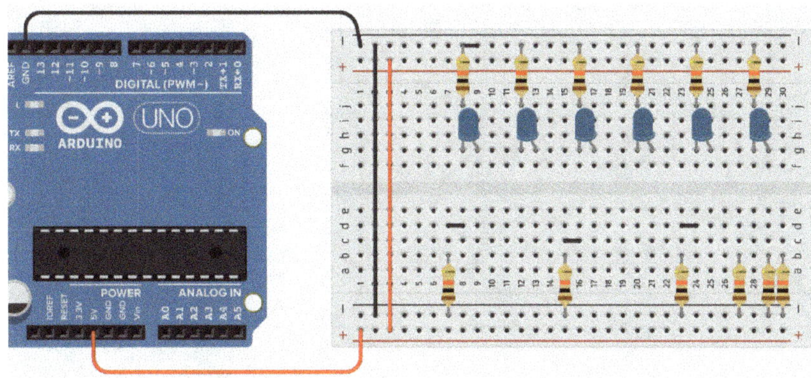

Successivamente, vogliamo collegare i LED. Poiché hanno già un collegamento dal catodo a "-" attraverso le resistenze, abbiamo solo bisogno di un collegamento dall'anodo alla scheda Arduino. È meglio provarlo da soli prima di continuare (pin 6, 7, 8, 9, 10, 11 di Arduino).

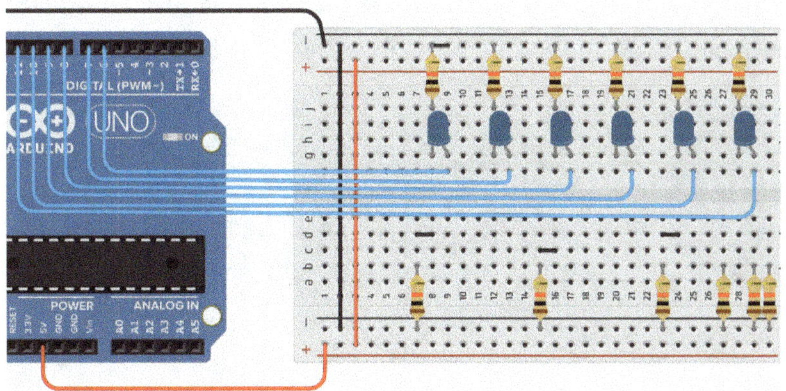

Poi ci occupiamo di collegare i sensori di forza. A tal fine, per prima cosa colleghiamo un filo rosso e uno nero dai sensori di forza alla breadboard per garantire l'alimentazione dei sensori.

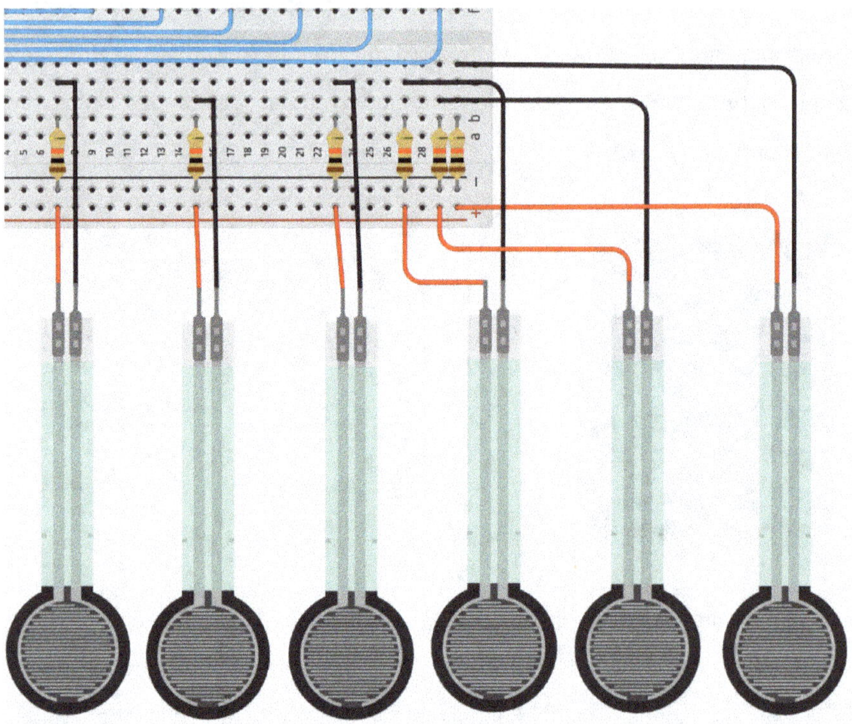

Ora abbiamo ancora bisogno delle linee dati (verdi), che colleghiamo dai sensori di forza (punto di connessione sopra le resistenze tramite le linee "+") agli ingressi analogici A0 - A5.

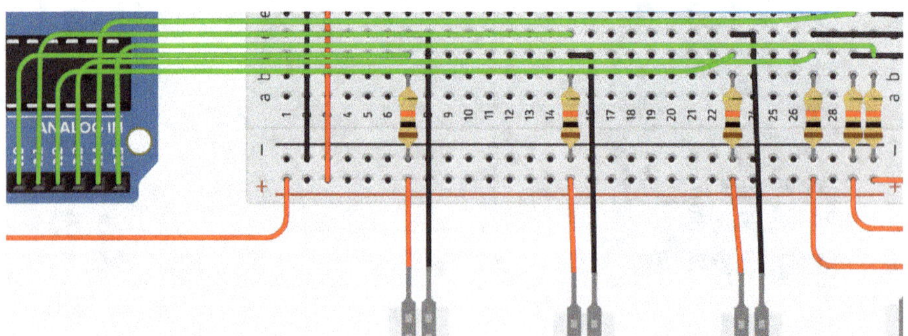

Infine, dobbiamo collegare i nostri cicalini piezoelettrici. Per fare ciò, per prima cosa colleghiamo i fili neri dal polo "-" dei cicalini piezoelettrici alla linea di alimentazione "-" della breadboard.

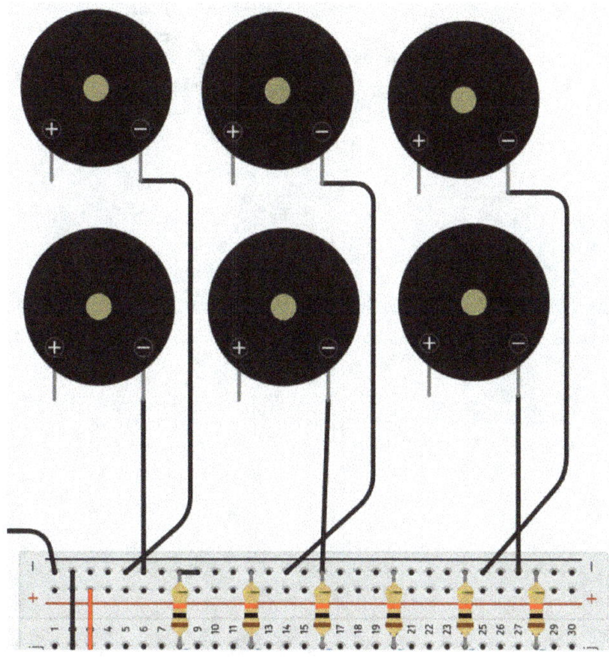

Per poter controllare i cicalini piezoelettrici, colleghiamo le linee arancioni dal polo "+" dei cicalini piezoelettrici ai pin digitali 0, 1, 2, 3, 4 e 5.

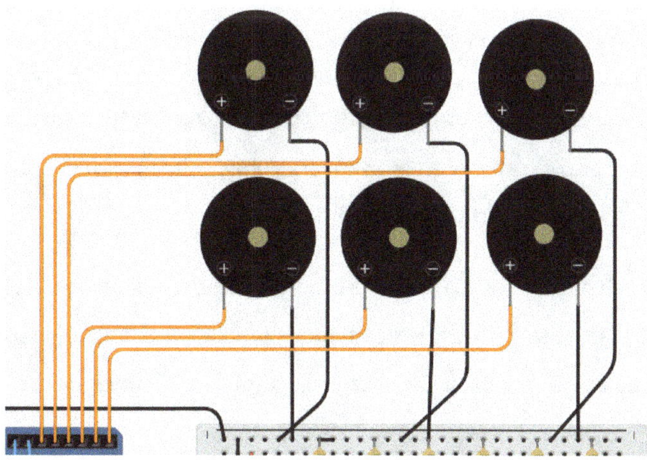

Schema elettrico completo:

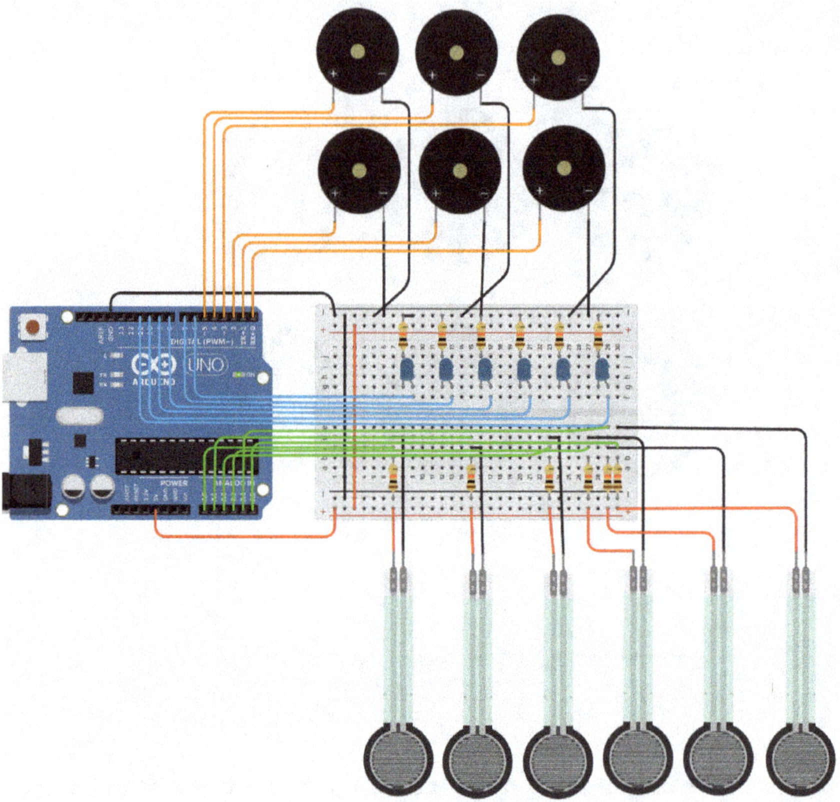

Fantastico! Ora abbiamo collegato con successo tutti i componenti e possiamo iniziare a programmare il nostro ultimo progetto! Andiamo!

8.3 Sviluppo del codice del programma

In questo capitolo, affronteremo ancora una volta passo dopo passo la programmazione necessaria.

Per prima cosa puoi provare a creare la programmazione completa del progetto da solo. Usa la stessa struttura dei progetti precedenti. Utilizza anche la tabella con le frequenze e i codici "tono" di Tinkercad mostrata sopra. Troverai la soluzione qui sotto.

Passo 1:

Nel primo passo, iniziamo - come di consueto - con il blocco titolo opzionale (che si trova nella categoria "Notation") e la descrizione: "mini piano". Poiché non abbiamo bisogno di comandi che vengano eseguiti solo all'avvio, possiamo aggiungere un blocco "on start" vuoto. Naturalmente, potremmo anche omettere questo punto.

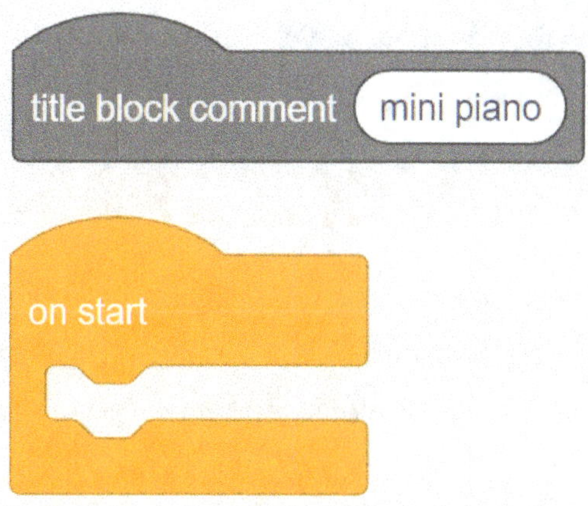

Passo 2:

Nel secondo passo, iniziamo direttamente con il blocco "forever", che esegue il nostro codice in un ciclo. Per il primo tono che deve essere emesso dal piezo n. 1 (connessione al pin 0 di Arduino), utilizziamo una condizione if-else che dice quanto segue: se il valore letto del sensore di forza (connessione: pin A0) è superiore al valore di soglia 70, allora da un lato il pin 6 deve ricevere il valore "HIGH" (il LED deve accendersi) e dall'altro il piezo deve suonare il tono C4 con il codice "tono" 48 di Tinkercad (frequenza: 262 Hz). Iniziamo con i tasti del pianoforte a sinistra (tasto C4 del pianoforte) e poi procediamo passo dopo passo verso destra fino al tasto A4 del pianoforte.

Suono	Frequenza [Hz]	Codice Tinkercad
C4	262	48

La situazione si presenta quindi come segue:

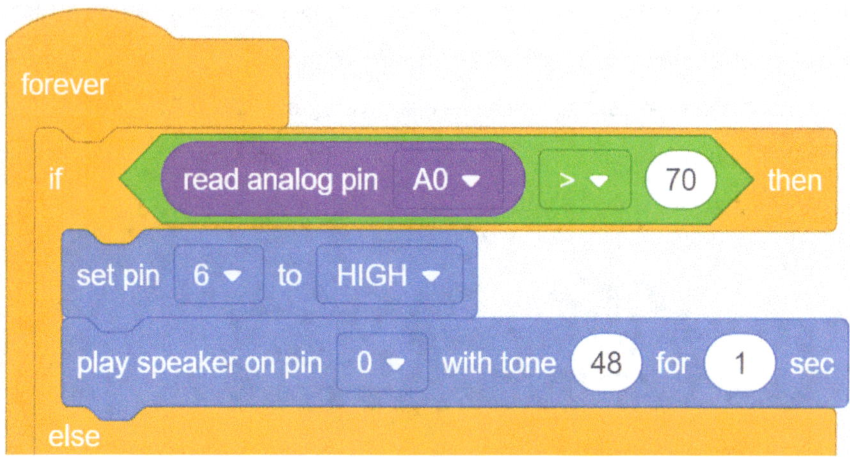

Ora abbiamo bisogno del codice per il caso in cui il sensore di forza invii ad Arduino un valore misurato inferiore al valore di soglia 70 (il pulsante non viene premuto o rilasciato). Implementiamo questo codice direttamente nella sezione "else":

L'altoparlante al pin 0 è spento e anche il LED corrispondente è spento.

Passo 3:

Ora dobbiamo ripetere il passo 2 per tutti i sensori di forza o buzzer piezoelettrici. In pratica dobbiamo solo cambiare i rispettivi collegamenti (sensore di forza, piezo, LED) e il codice "tono" di Tinkercad, a seconda del tono. Aggiungiamo i blocchi di codice direttamente sotto i precedenti. La struttura rimane identica. Per il secondo tono D4, il risultato sarebbe questo:

Suono	Frequenza [Hz]	Codice Tinkercad
D4	294	50

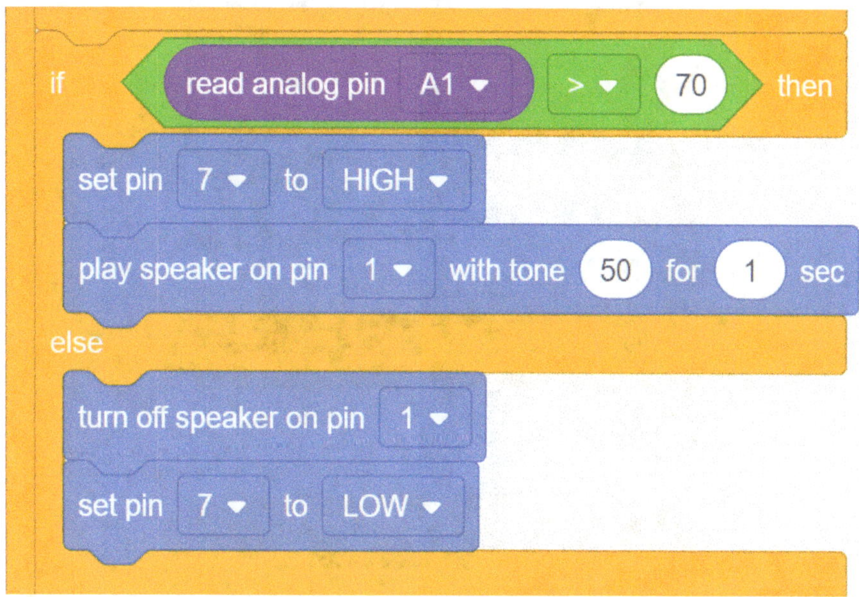

Passo 4:

Ora mancano i quattro tasti rimanenti con i seguenti toni:

Suono	Frequenza [Hz]	Codice Tinkercad
E4	330	52
F4	349	53
G4	392	55
A4	440	57

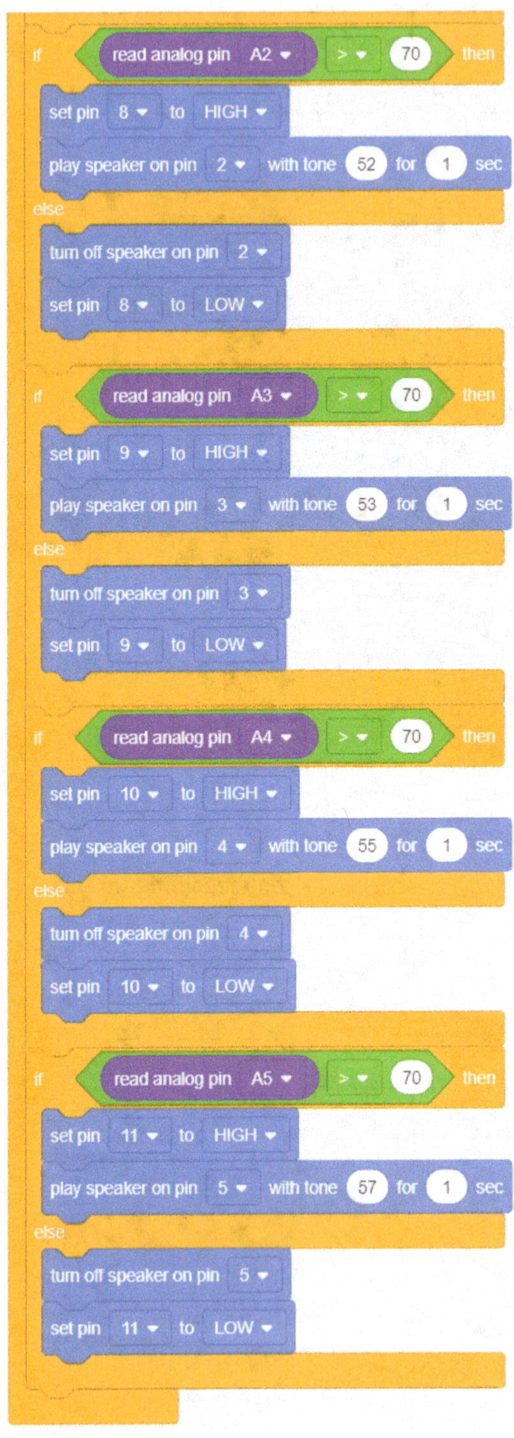

if read analog pin A2 > 70 then
set pin 8 to HIGH
play speaker on pin 2 with tone 52 for 1 sec
else
turn off speaker on pin 2
set pin 8 to LOW
if read analog pin A3 > 70 then
set pin 9 to HIGH
play speaker on pin 3 with tone 53 for 1 sec
else
turn off speaker on pin 3
set pin 9 to LOW
if read analog pin A4 > 70 then
set pin 10 to HIGH
play speaker on pin 4 with tone 55 for 1 sec
else
turn off speaker on pin 4
set pin 10 to LOW
if read analog pin A5 > 70 then
set pin 11 to HIGH
play speaker on pin 5 with tone 57 for 1 sec
else
turn off speaker on pin 5
set pin 11 to LOW

Codice programma completo:

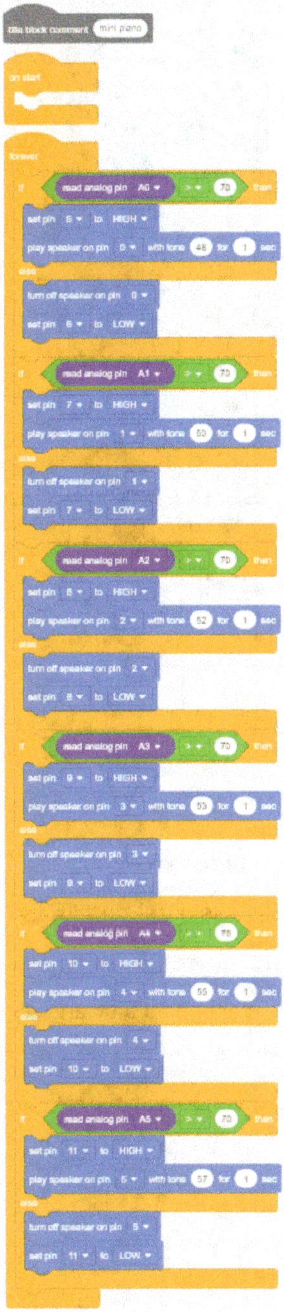

```
tile block comment (mini piano)

on start

forever
  if  read analog pin A0 ▾  > ▾  70  then
    set pin 6 ▾ to HIGH ▾
    play speaker on pin 0 ▾ with tone 48 for 1 sec
  else
    turn off speaker on pin 0 ▾
    set pin 6 ▾ to LOW ▾

  if  read analog pin A1 ▾  > ▾  70  then
    set pin 7 ▾ to HIGH ▾
    play speaker on pin 1 ▾ with tone 50 for 1 sec
  else
    turn off speaker on pin 1 ▾
    set pin 7 ▾ to LOW ▾

  if  read analog pin A2 ▾  > ▾  70  then
    set pin 8 ▾ to HIGH ▾
    play speaker on pin 2 ▾ with tone 52 for 1 sec
  else
    turn off speaker on pin 2 ▾
    set pin 8 ▾ to LOW ▾

  if  read analog pin A3 ▾  > ▾  70  then
    set pin 9 ▾ to HIGH ▾
    play speaker on pin 3 ▾ with tone 53 for 1 sec
  else
    turn off speaker on pin 3 ▾
    set pin 9 ▾ to LOW ▾

  if  read analog pin A4 ▾  > ▾  70  then
    set pin 10 ▾ to HIGH ▾
    play speaker on pin 4 ▾ with tone 55 for 1 sec
  else
    turn off speaker on pin 4 ▾
    set pin 10 ▾ to LOW ▾

  if  read analog pin A5 ▾  > ▾  70  then
    set pin 11 ▾ to HIGH ▾
    play speaker on pin 5 ▾ with tone 57 for 1 sec
  else
    turn off speaker on pin 5 ▾
    set pin 11 ▾ to LOW ▾
```

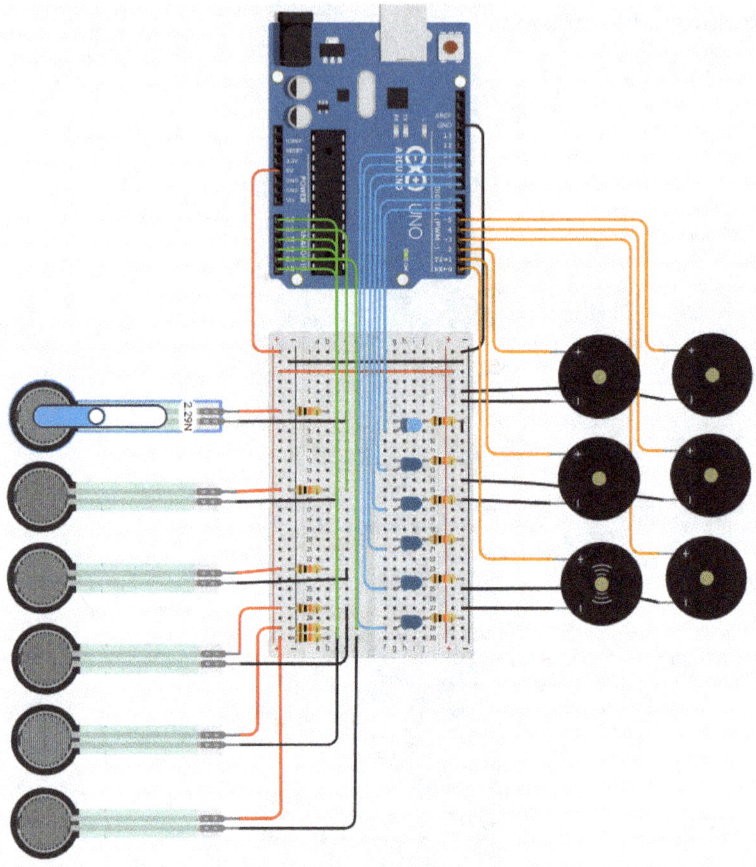

Perfetto! Ora abbiamo completato con successo anche questo progetto. Possiamo essere orgogliosi di noi stessi! Forse ci sei riuscito in parte o completamente da solo. Allora hai tutto il diritto di essere orgoglioso di te stesso! Se non sei interessato solo ad Arduino, ma anche ad altri argomenti tecnici, dai un'occhiata alle prossime pagine.

Parole conclusive

Eccellente!

Ce l'hai fatta, hai lavorato ai progetti. È un ottimo risultato!

In questo libro ho cercato di insegnarti a creare schemi elettronici e a programmare Arduino utilizzando il software Tinkercad attraverso progetti di bricolage avanzati e pratici. Spero di essere riuscito a stimolare il tuo entusiasmo per l'elettronica e la programmazione. Dovrebbe essere un libro che crea una comprensione delle conoscenze teoriche di base e dell'applicazione pratica.

Insieme abbiamo raggiunto molti risultati in questo corso! Puoi essere giustamente orgoglioso di te stesso se sei arrivato fino a questo punto.

Se ti è piaciuto questo libro, mi farebbe molto piacere se mi lasciassi un voto e un breve commento e consigliassi il libro ad altri! Questo aiuterà anche altre persone che sono alla ricerca di un libro pratico come questo.

Assicurati di dare un'occhiata alle pagine seguenti. Qui troverai libri su argomenti simili, i rispettivi libri precedenti a questa serie di libri, oltre a un libro sull'ingegneria elettrica e su Tinkercad in generale. Questi libri sono ideali per un'introduzione ancora più dettagliata ai rispettivi argomenti. Acquista subito le tue copie!

Grazie mille!

Libri su argomenti che potrebbero piacerti anche

Tutti i libri sono disponibili online sulle solite piattaforme di vendita. È meglio cercare semplicemente il titolo o sentirsi liberi di visitare la mia pagina dell'autore. Alcuni dei libri potrebbero non essere ancora stati pubblicati e appariranno o si troveranno presto. Dai un'occhiata ai libri di tua scelta e portali a casa come e-book o paperback!

Stampa 3D:

CAD, FEM, CAM:

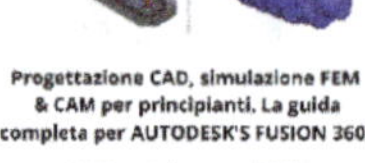

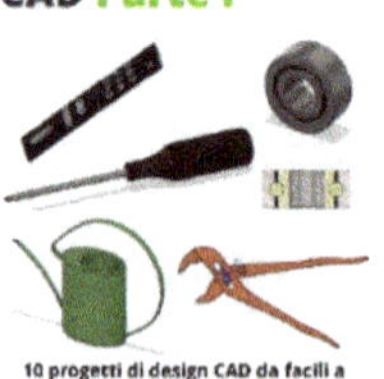

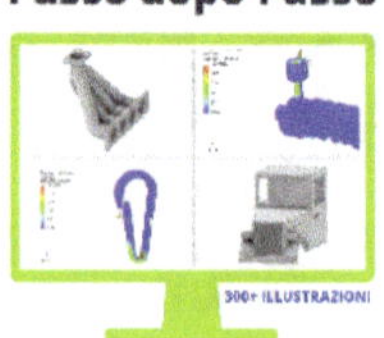

Elettrotecnica:

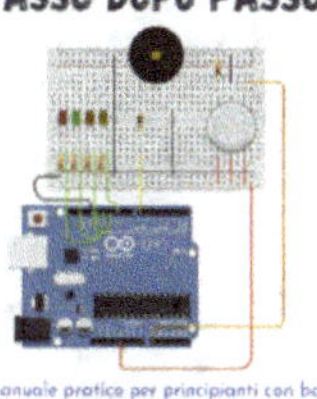

Programmazione e altri software:

Ci sono anche video corsi identici per alcuni di questi libri:

Fusion 360 Passo dopo Passo | CAD,FEM e CAM per principianti
La guida pratica per AUTODESK FUSION 360! Impara la progettazione, la simulazione, la produzione e altro da un ingegnere
M.Eng. Johannes Wild
4.6 ★★★★½ (31)
3.5 total hours • 24 lectures • Beginner
Bestseller

Stampa 3D | Una guida passo dopo passo
La guida pratica per principianti e utenti! Un corso per tutti, creato da un ingegnere!
M.Eng. Johannes Wild
4.0 ★★★★☆ (28)
1.5 total hours • 20 lectures • All Levels

Progettazione CAD per principianti | Impara da un ingegnere
La guida practica alla creazione di oggetti e modelli 3D con software di progettazione CAD gratuito per stampa 3D, ecc.
M.Eng. Johannes Wild
4.2 ★★★★☆ (6)
1.5 total hours • 15 lectures • All Levels

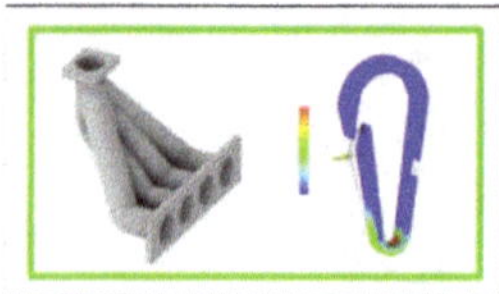

INVENTOR Passo dopo Passo | CAD & FEM per principianti
La guida pratica per AUTODESK INVENTOR! Impara la progettazione CAD, la simulazione FEM e altro da un ingegnere
M.Eng. Johannes Wild
4.2 ★★★★☆ (7)
3.5 total hours • 20 lectures • Beginner

...

Per l'acquisto puoi scegliere tra la piattaforma di apprendimento "Udemy":

Cerca il mio nome su www.udemy.com:

M.Eng. Johannes Wild o usa il seguente link:

www.udemy.com/courses/search/?src=ukw&q=m.eng.+johannes+wild

Iscriviti oggi e approfondisci le tue conoscenze!

Impronta dell'autore/editore

9 783987 420498